摄影师

的后期必修课

刘乘良 —— 著

创意与创新篇

U0279896

人民邮电出版社

北京

图书在版编目（ＣＩＰ）数据

摄影师的后期必修课. 创意与创新篇 / 刘乘良著
. —— 北京 ：人民邮电出版社，2024.3
ISBN 978-7-115-63300-2

Ⅰ．①摄… Ⅱ．①刘… Ⅲ．①图像处理软件－教材
Ⅳ．①TP391.413

中国国家版本馆CIP数据核字(2024)第007508号

内 容 提 要

　　本书讲解摄影后期的创意思路与实战技巧，全书共五篇。第一篇介绍了功能创意，包括利用蒙版和混合模式进行局部调整和效果打造，以及处理曝光过度作品的方法。第二篇着重于光影创意，包括制作丁达尔光效、创造神秘的月光之夜和营造光效以增添艺术感等技巧。第三篇讲述了色彩创意，介绍了营造暖色光效、打造冷暖对比效果和运用色彩打造神秘氛围的方法。第四篇探索了风格创意，包括超越传统思维的创意方法、打造视觉盛宴和打造画意效果的技巧。最后一篇是关于气象创意的内容，涵盖了打造雨景效果、添雾加彩的清新脱俗效果，以及雨夜冷暖调的制作方法。

　　本书通过创意思路分析与案例的实战演练，帮助读者掌握不同主题下的摄影后期图像处理技巧，提升创意能力和艺术表现力。

◆ 著　　　　　刘乘良
　　责任编辑　　张　贞
　　责任印制　　陈　犇
◆ 人民邮电出版社出版发行　　北京市丰台区成寿寺路 11 号
　　邮编　100164　　电子邮件　315@ptpress.com.cn
　　网址　https://www.ptpress.com.cn
　　天津市豪迈印务有限公司印刷
◆ 开本：690×970　1/16
　　印张：16.25　　　　　　　　　　2024 年 3 月第 1 版
　　字数：283 千字　　　　　　　　 2024 年 3 月天津第 1 次印刷

定价：89.80 元
读者服务热线：(010)81055296　印装质量热线：(010)81055316
反盗版热线：(010)81055315
广告经营许可证：京东市监广登字 20170147 号

"达盖尔摄影术"自 1839 年在法国科学院和艺术院正式宣布诞生后，其用摄影捕捉、定格瞬间的能力一直让我们着迷。某种程度上，摄影的核心是对摄影人内在感知的转化——围绕日常事物、自然环境、新闻等命题展开创作，对看得见的、看不见的，以及形而上的一种诠释。不同的作品也体现了摄影人个体性、差异性的价值观。

在数字时代，几乎每个人都拥有一部带有摄像头的智能手机，出于对外在的感知、思考和记录，不管创作和传播的技术如何发展，摄影的基本行为和摄影存在的基本理由似乎让我们所有人都成为了"摄影师"。

然而，就创作手段而言，简单地复刻外在场景难以达到深刻的情感共鸣。事实上，无论是纪实新闻，还是艺术题材，摄影从来都不是简单的"再现"。摄影创作，永远与艺术家的想象力、创造力、价值观密不可分！在摄影创作中，个体化的视觉经验和生活体验是摄影创作图式语言的渊源，而又因个体性的差异形成了摄影艺术形态的多样性，呈现出各尽其美的面貌。

摄影是一个用眼睛去看，用心去感受，通过快门与后期调整更直观地体现作者的内心，从而引发观者共情的创作过程。摄影创作更应该注重"感知的转化和感知的长度"，对更深程度的感觉、感知进行发掘。优秀的摄影作品不一定是描述宏大场景的壮阔与悲壮，但一定与每个人的平凡生活产生共鸣。这些作品源自作者对外在世界的感受和理解，然后通过摄影语言呈现给观众，从而让观者产生情感、记忆及内心视觉的共情，形成陌生而熟悉的体验。作者的感受和理解越深刻，作品的感染力就越强。归根结底，所谓摄影，即找到能触动自己的、自己最想要表达的情感世界，并通过画面传达给观者。

十余年历程，十余年如斯，大扬影像始终以不变的初心，探索摄影前沿趋势，重视和扶持摄影师的成长，认同美学与思想兼具的作品。春华秋实，大扬影像汇聚各位大扬人，以敏锐的洞察力及精湛的摄影技巧，为大家呈现出一套系统、全面摄影系列图书，和各位读者一起去探讨摄影的更多可能性。摄影既简单，又不简单。如何用各自不同的表达方式，以独特的触角，在作品中呈现自己的思考和追问——如何创作和成长？如何深层次表达？怎样让客观有限的存在，超越时间和空间，链接到更高的价值维度？这是本系列图书所研究的内容。

系列图书讨论的主题十分广泛，包括数码摄影后期、短视频剪辑、电影与航拍视频制作，以及 Photoshop 等图像后期处理软件对艺术创作的影响，等等。与其说这是一套摄影教程，不如说这是一段段摄影历程的分享。在该系列图书中，摄影后期占了很大一部分，窃以为，数码摄影后期处理的思路比技术更重要，掌握完整的知识体系比学习零碎的技法更有效。这里不是各种技术的简单堆叠，而是一套摄影后期处理的知识体系。系列图书不仅深入浅出地介绍了常用的后期处理工具，还展示了当今摄影领域前沿的后期处理技术；不仅教授读者如何修图，还分享了为什么要这么处理，以及这些后期处理方法背后的美学原理。

期待系列图书能够从局部对当代中国摄影创作进行梳理和呈现，也希望通过多位摄影名师的经验分享和美学思考，向广大读者传递积极向上、有温度、有内涵、有力量的艺术食粮和生命体验。

杨勇

2024 年元月

福州上下杭

前言

　　摄影是一门独特的艺术，它让我们可以通过镜头捕捉瞬间，记录生活中的美丽和情感。然而，仅仅依靠拍摄技巧和摄影设备并不足以实现真正的创意表达。摄影后期图像处理为我们提供了一个广阔的舞台，在其中，我们可以无限地发挥想象力，通过各种工具和技术塑造出独特的艺术作品。

　　本书的目标是帮助读者掌握摄影后期图像处理的核心技巧，并引导读者进入创意的境界。无论是初学者，还是已经有一定经验的摄影爱好者，都能从本书中获得新的灵感和知识。

　　本书介绍了功能创意、光影创意、色彩创意、风格创意和气象创意的技巧与方法，通过详细的案例和实战演练，帮助读者理解并运用这些技巧。无论是简单的局部调整还是复杂的图像合成，每一个步骤和决策都会为你的作品增添一丝独特的风采。

刘乘良

目录

1

第一篇

功能创意

　　本篇将为大家介绍一些有关功能创意的技巧。我们将深入探讨拍摄过程中可能面临的问题，并介绍如何利用过曝、蒙版、混合模式等工具来实现创意效果。无论你是新手还是资深摄影师，相信这些技巧都能帮助你创作出更加出色的作品。让我们一起来探索吧！

第 1 章　巧用蒙版，打造唯美风光大片

在 Photoshop 中，蒙版是一种非常有用的工具，它可以用来控制图层的可见性和透明度。蒙版可以根据图层中特定区域的亮度或颜色来隐藏或显示部分内容，从而实现对图像的精确控制。蒙版有两种类型：图层蒙版和剪辑蒙版。图层蒙版是一种灰度图像，它与所在图层关联在一起。通过使用黑色、白色和灰色的画笔，可以在图层蒙版上绘制，以确定图层的可见性。白色区域表示图层完全可见，黑色区域表示图层完全隐藏，而灰色区域则表示图层部分可见（半透明）。使用图层蒙版可以精确控制图层的透明度，使图层透明或半透明。同时，可以非破坏性地隐藏图层的特定部分，以便稍后可以重新显示。

这节课我们将学习如何运用蒙版打造唯美的摄影作品。调整前后的对比如图 1-1 和图 1-2 所示。

图 1-1

图 1-2

1.1 根据创意思路调整照片全局和局部

首先,我们分析一下素材照片,如图 1-1 所示。这张照片展示了一个环境非常不错的场景,其中还有倒影。草地和牦牛的身上没有直接照射到光线,而是在山上出现一些光线和淡淡的金色。许多摄影师喜欢捕捉金光照射的场景。尽管这张照片有金光,但光线并不强烈,导致整个画面看起来有些灰暗,但细节却非常丰富。

接下来,我们将照片导入 Camera Raw 滤镜中,如图 1-3 所示,先对这张照片的影调和色调进行调整。

图 1-3

单击"自动"按钮,然后减少"高光"值,以丰富照片的层次和细节。增加
"阴影""对比度"和"曝光"值,如图 1-4 所示。增加"曝光"值的原因是我们
需要提升草地的亮度。

图 1-4

在右侧的工具栏中，选择"径向滤镜"。在照片选择一个中心点，并通过拖动鼠标调整该滤镜控制范围的大小和形状，以选中草地部分。然后，通过调整滤镜内部的参数对选定区域进行相应的调整，包括"曝光""对比度"等。在右侧的面板中，减少"曝光"和"高光"值，增加"白色"和"对比度"值，如图 1-5 所示。这里增加"白色"值的原因是降低"曝光"值时，图像的高光部分会变暗，提升"白色"值可以保留和提升图像中被压暗的区域的透明度和亮度。

图 1-5

"径向滤镜"是一种用于图像局部调整的工具，使用 Camera Raw 中的"径向滤镜"可以实现以下效果。

1. 曝光和对比度调整：通过在特定区域内应用"径向滤镜"，并对该区域内的"曝光"和"对比度"值进行调整，可以使目标物体明亮或增加细节。

2. 色彩和白平衡调整："径向滤镜"可以用于选择特定区域并调整该区域内的色彩和"白平衡"值，从而改变目标物体的色调、饱和度和整体颜色平衡。

3. 锐化和降噪处理：通过在特定区域内应用"径向滤镜"，并对该区域内的"锐化"和"降噪"参数进行调整，可以改善目标物体的清晰度和细节，减少噪点和图像颗粒。

4. 渐变效果：通过在图像的特定区域内使用"径向滤镜"，并对周围区域进行透明度或色彩的渐变调整，可以实现渐变效果，使图像过渡更加平滑、自然。

单击"从选定调整中清除"按钮，擦拭草地的部分，如图 1-6 所示。

图 1-6

由于山脚部分很亮，单击"添加到选定调整"按钮，调整"流动"值，涂抹山脚部分，如图 1-7 所示。

图 1-7

1.2　借助选区工具调整局部区域

将照片导入 Photoshop 中，如图 1-8 所示。

图 1-8

在左侧的工具栏中，选择"多边形套索工具"，选中草地部分，如图 1-9
所示。

图 1-9

在右侧的"调整"面板中，单击"创建新的色彩平衡调整图层"按钮，选择"高光"，分别增加"青色""绿色"和"黄色"，如图 1-10 所示。

单击"蒙版"按钮，调整"羽化"值，如图 1-11 所示。

图 1-10

图 1-11

按住"Ctrl"键的同时单击蒙版图层，如图 1-12 所示，将草地的选区再次选中，接下来对草地部分进行曲线调整。

图 1-12

单击"创建新的曲线调整图层"按钮，对曲线进行调整，如图 1-13 所示，对高光部分进行提亮操作，然后对阴影部分进行压暗操作，以增加画面的通透度和明亮度。

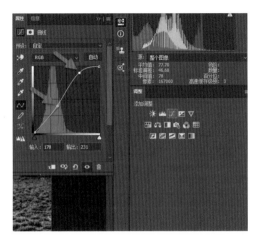

图 1-13

单击"蒙版"按钮，对"羽化"值进行调整，如图 1-14 所示。

图 1-14

由于草地的范围很宽广，我们需要将草地的范围缩小。首先，右键单击图层空白处，在弹出的菜单中选择拼合图像，然后单击"创建新图层"按钮，复制一个图层，如图 1-15 所示。

选择"矩形选框工具"，选中河水和部分草地的区域，如图 1-16 所示。

图 1-15

图 1-16

利用快捷键"Ctrl+J"复制选中的区域,复制出来之后,选择"移动工具",将选区移动到合适的位置,如图 1-17 所示。

图 1-17

单击"添加蒙版"按钮,为选区添加一个蒙版图层,选择"渐变工具","前景色"选择黑色,选择"线性渐变",将不透明度设置为 30% 左右,进行由选区上方向下方渐变的操作,如图 1-18 所示。

图 1-18

完成上述渐变操作以后，双击蒙版图层，设置"羽化"值，如图 1-19 所示。

图 1-19

1.3 借助"颜色范围"选择局部并调整

右键单击图层空白处，在弹出的菜中选择"拼合图像"，然后单击背景图层右侧的小锁标志将图层解锁，如图 1-20 所示。

选择"移动工具"，按住鼠标右键拖动控制点调整照片的大小和位置，如图 1-21 所示。调整完毕之后，单击"Enter"键或者双击鼠标应用变换，如图 1-21 所示。

图 1-20

图 1-21

接下来，我们对雪山进行调整。单击"创建新的曲线调整图层"按钮，单击"蒙版"按钮，单击"颜色范围"按钮，如图 1-22 所示。

进入"颜色范围"面板，利用"吸管工具"，吸取雪山的颜色，如图 1-23 所示。

图 1-22

图 1-23

在"色彩范围"对话框中，将"颜色容差"值调大，如图 1-24 所示，单击"确定"按钮。

再回到"属性"面板，单击"曲线"按钮，分别对"蓝""红"和"绿"通道进行调整，如图 1-25、图 1-26 和图 1-27 所示。调整完毕之后，右键单击图层空白处，在弹出的菜单中选择"拼合图像"。

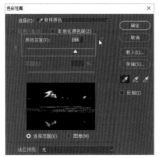

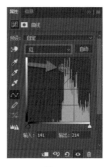

图 1-24   图 1-25   图 1-26

图 1-27

然后，对水面进行调整。选择"套索工具"，将水面部分大致选出，如图 1-28 所示。

图 1-28

　　建立曲线调整图层，提亮曲线，如图 1-29 所示。单击"蒙版"按钮，设置"羽化"值，如图 1-30 所示。

图 1-29

图 1-30

最后，将照片中的倒影去除。选择"修复画笔工具"，调整画笔的大小，如图 1-31 所示，在图中相应位置涂抹，将照片中的倒影去除。合并图层，结束对照片的调整，最后将照片保存即可。

图 1-31

第2章　巧妙运用混合模式

本节课我们将介绍如何利用混合模式来创造特殊的效果。调整前后的效果图如图2-1和图2-2所示。通过观察这两张照片，我们可以清晰地看到无论是拍摄还是后期处理，都需要建立在创意思维的基础上，才能将作品打造得更加出色。因此，观察和思考是非常关键的。通过结合这两幅戏曲相关作品，我们可以得出一个结论，即我们需要突破传统拍摄方式，使表达更富有文化内涵和创新性。而运用脸谱元素正好能够提升戏曲这一题材的整体文化创意和创新水平，将其推向更高的层次。这种尝试能够为传统文化注入新的活力与魅力。

图 2-1

图 2-2

　　首先，我们准备一张脸谱的素材照片，如图2-3所示。

　　接着，我们将人物照片导入Camera Raw滤镜中，先对其进行二次构图，选择"裁剪工具"，矫正照片，如图2-4所示。

图 2-3

图 2-4

　　单击"自动"按钮，然后增加"对比度"和"去除薄雾"值，如图 2-5
所示。

图 2-5

　　对脸谱的素材照片进行调整，单击"自动"按钮，然后减少"高光"和"饱
和度"值，增加"对比度"和"去除薄雾"值，如图 2-6 所示。

图 2-6

　　由于人物照片中的天空和地面亮度较高，需要将其进一步调暗。在右侧工具栏选择"调整画笔工具"，并单击"重置局部校正通道"按钮。在画笔工具面板下方，选择合适的预设来快速应用常见调整。根据需要微调各个选项的数值，包括减少"曝光""高光"和"白色"值。同时，调整画笔大小以便对天空和地面进行压暗处理，如图 2-7 所示，这样就能够成功地调暗照片中的天空和地面亮度了。

图 2-7

将照片中的柱子的亮度调暗。单击"创建新调整"按钮，新创建一个画笔工具，将画笔的大小调小，稍微增加"曝光"和"高光"值，对柱子进行压暗处理，如图 2-8 所示。

回到人物照片的"基本"面板中，对整体的色调和影调进行调整。增加"阴影"值，减少"饱和度"值，如图 2-9 所示。

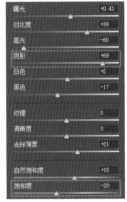

图 2-8　　　　　　　　　　　　　　　　　　　　图 2-9

2.1　混合模式打造初步效果

在完成 Camera Raw 滤镜中的调整之后，同时将两张照片导入 Photoshop 中，以进行更加精细的调整。使用"移动工具"将脸谱照片移动到人物照片图层上，并调整脸谱照片的位置和大小，确保其完全覆盖人物照片。然后将混合模式设置为"柔光"模式，如图 2-10 所示。混合模式中的"柔光"是一种常用的图层混合模式，使用柔光混合模式可以使上层图层与底层图像进行柔和的混合，产生一种柔和且对比度增强的效果。

照片中存在一些亮度较暗的区域，比如两侧的窗户，我们要将这些部分的亮度提高。复制"图层 1"图层为"图层 1 拷贝"图层，然后为"图层 1"图层添加一层蒙版，单击"图层 1 拷贝"图层（副本图层）左侧的按钮，如图 2-11 所示，将图层效果隐藏。

图 2-10   图 2-11

选择"渐变工具",将前景色设置为"黑色",选择"径向渐变","不透明度"设置为30%左右,对照片中的牌匾部分和两侧窗户进行调整,如图2-12所示。

图 2-12

双击蒙版图层,对"羽化"值进行调整,如图 2-13 所示

单击副本图层左侧的按钮,将图层效果显示,混合模式改为"正常","不透明度"调整为50%左右,如图2-14所示。脸谱照片与人物照片结合得很好,但是一些细节部分被脸谱遮盖住了,我们需要将这些细节进行恢复。

图 2-13

图 2-14

为副本图层增加一层蒙版，如图 2-15 所示。

同样的，利用"渐变工具"，"前景色"选择黑色，选择"径向渐变"，"不透明度"设置为 30% 左右，恢复照片的细节，如图 2-16 所示。

图 2-15

图 2-16

双击"图层 1 拷贝"图层的蒙版图层，在蒙版属性面板中，调整"羽化"值，如图 2-17 所示。

在右侧的照片滤镜"属性"面板中，单击"创建新的照片滤镜调整图层"，滤镜选择"Green"，密度调整为 18% 左右，如图 2-18 所示。再次创建一个照片滤镜调整图层，滤镜选择"Yellow"，密度调整为 20% 左右，如图 2-19 所示。

图 2-17

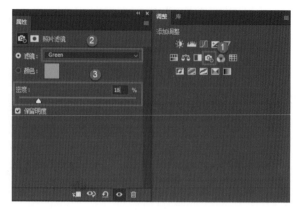

图 2-18

图 2-19

2.2 高斯模糊打造虚实效果

最后，对脸谱进行模糊处理。选中"图层 1 拷贝"图层，单击"滤镜"菜单，选择"模糊"—"高斯模糊"，半径设置为 10 像素左右即可，如图 2-20 所示。选中"图层 1"图层，进行同样的操作。

图 2-20

　　单击"编辑"菜单，选择"渐隐高斯模糊"，如图 2-21 所示。"不透明度"调整为 30% 左右，如图 2-22 所示，使照片表现出一种虚实相生的效果。最后，用鼠标右键单击图层空白处，在弹出的菜单中选择"拼合图像"，将照片保存即可。

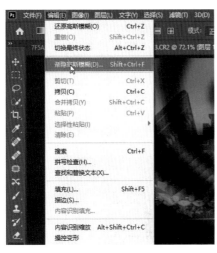

图 2-21

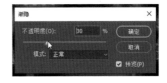

图 2-22

第 3 章　处理曝光过度的作品

曝光过度是指在摄影作品中，图像的整体亮度过高，暗部细节丢失，高光区域过亮，图像失去整体平衡和细腻度的情况。拍摄时，如果相机曝光设置过高或是场景中光线过强，就会导致图像曝光过度。这种情况会造成图像色彩失真和细节损失。为了修复曝光过度的图像，可以通过调整曝光、阴影和高光等参数来恢复图像细节和颜色平衡，使其更加自然和美观。

在本章中，我们将学习如何拯救曝光过度的照片并将其转化为夜景大片。我们先来分析这张天空过亮导致细节丢失的曝光过度照片。我们不需要保留暗部太多的细节，重要的是保留图像的形式感和轮廓。因此，我们需要调整"阴影"和"曝光"来创建夜景效果。调整前后的对比如图 3-1 和图 3-2 所示。

图 3-1　　　　　　　　　　　　　　　　图 3-2

首先，我们需要准备雨滴和月亮的素材照片，如图 3-3 和图 3-4 所示。

图 3-3　　　　　　　　　　　　　　　　图 3-4

将曝光过度的照片导入 Camera Raw 滤镜，减少"曝光""高光""阴影""黑色"值，增加"对比度"值，如图 3-5 所示，将主体部分调暗。

图 3-5

3.1 打造冷色调

将照片导入 Photoshop 中，对整体色彩进行调整。我们需要打造夜景，所以要制造冷色调。单击右侧"调整"面板中的"创建新的曲线调整图层"按钮，创建一个曲线调整图层，选择"红"通道，向下拖动曲线顶部的控制点以减少照片中的红色，如图 3-6 所示。

图 3-6

图 3-7

选择"绿"通道，向下拖动曲线顶部的控制点，来减少照片中的绿色，如图 3-7 所示。

图 3-8

选择"蓝"通道，向上拖动控制点，来增加照片中的蓝色，如图 3-8 所示。

图 3-9

利用"矩形选框工具"，将天空的部分选中，如图 3-9 所示。

新建一个曲线调整图层，压低曲线，如图 3-10 所示，单击"蒙版"按钮，设置
"羽化"值，如图 3-11 所示。调整完毕之后，右键单击图层空白处，在弹出的菜
单中选择"拼合图像"。

图 3-10   图 3-11

3.2   照片合成处理

选择"移动工具"，将月亮的素材照片导入背景图层中，将混合模式改为
"滤色"，如图 3-12 所示。

图 3-12

勾选"显示变换控件"，对月亮的大小进行调整，如图 3-13 所示。

图 3-13

接下来，我们来处理月亮图层和背景图层混合之后的痕迹。双击月亮图层的空白处，进入到"图层样式"面板，按住"Alt"键，按下鼠标左键并拖动，来调整"混合颜色带"的"本图层"的三角形滑块，向右滑动直至月亮周围的痕迹消失，如图 3-14 所示，调整完之后，单击"确定"按钮。

图 3-14

新建一个曲线调整图层，将高光和中间调部分进行压暗，如图 3-15 所示。

图 3-15

　　接下来，选择"渐变工具"，选择"前景色"为黑色，选择"径向渐变"，"不透明度"为 30% 左右，由水面与地面的交界处向外拉伸，让建筑的周围有亮光出现，如图 3-16 所示。营造神秘感，烘托出整张照片的气氛。双击图层蒙版，设置"羽化"值，如图 3-17 所示。用鼠标右键单击图层空白处，在弹出的菜单中选择"拼合图像"。

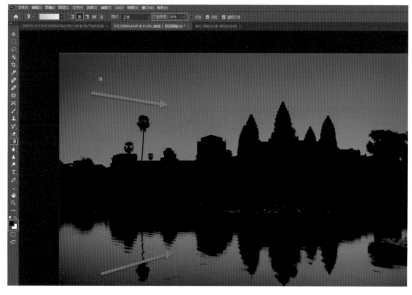

图 3-16

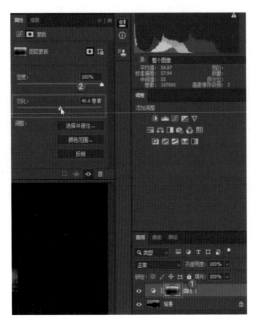

图 3-17

　　将水滴的素材照片导入背景图层中，调整大小确保其完全将背景照片覆盖，混合模式改为"正片叠底"，图层的"不透明度"改为 60% 左右，如图 3-18 所示。整张照片调整完毕，用鼠标右键单击图层空白处，在弹出菜单中选择"拼合图像"，将照片保存即可。

图 3-18

2

第二篇

光影创意

　　光影创意是摄影领域中一个令人着迷的主题。本篇将涉及打造丁达尔光效、创造月光之夜、改天换地重塑光影效果、打造荷塘月色美景等内容，这些都是在摄影后期处理中通过巧妙地结合光与影而创造出的独特效果。本篇将带来关于光影创意的探索与实践，并提供一些技巧和灵感，让你能够以不同的视角捕捉到光与影的魅力。

第4章 制作丁达尔光效，增强视觉冲击力

我们在生活中会经常看到光散射所形成的光柱，这种散射现象被称为丁达尔效应。在摄影作品的后期处理中，丁达尔效应通常用于调整图像的颜色和对比度，其可以使图像中的元素产生视觉上的深度感和动感，从而增强视觉效果。在人像摄影中，通过对背景适当地应用丁达尔效应，可以让视觉焦点集中在拍摄对象身上，增强人物的立体感和突出效果。

4.1 实战案例一

这张照片整体拍得很好，但天空曝光过度了，有侧逆光效果。我们需要制作丁达尔光效，让环境产生暖光效果。调整前后的效果对比如图4-1和图4-2所示。

图 4-1

图 4-2

除了人物照片外，我们还需要准备一张光线的素材，如图 4-3 所示。

图 4-3

将两张照片导入 Camera Raw 滤镜中，如图 4-4 所示。

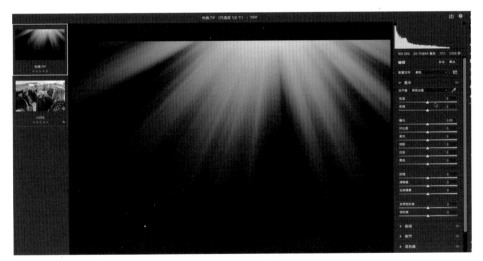

图 4-4

根据创意需求调整照片

我们先对光线素材的色调和影调进行调整，对于这张照片，我们需要打造暖色光，所以我们需要将"色温"滑块向黄色方向移动，减少绿色的色调，如图 4-5 所示。

降低照片的"纹理"和"清晰度"值，如图 4-6 所示。降低"纹理"和"清晰度"的作用是使图像产生一种柔和、模糊的效果。这样做可以降低图像中细节和纹理的锐利度，模糊图像的细节，使光线和色调更加突出，使观者注意力更加集中在光线、色彩和整体氛围上，并为整个画面增添一种艺术感。这种效果常用于营造梦幻、浪漫或柔和的氛围。

图 4-5

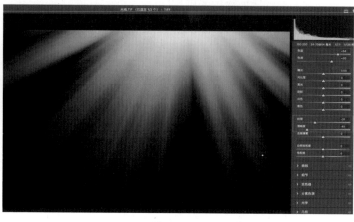

图 4-6

接下来，我们对人物照片进行调整。先单击"自动"按钮，做自动调整，然后进一步减少"高光"的值，增加"对比度"和"阴影"的值，如图 4-7 所示。

调整"色温"和"色调"，基于打造暖色调需要，所以要增加"色温"和"色调"值，如图 4-8 所示。

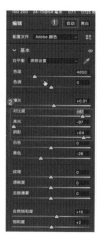

图 4-7

图 4-8

然后，增加"纹理""清晰度"和"去除薄雾"值，如图 4-9 所示。通过增加纹理，可以增强图像的质感和细节，使其更加逼真和生动。增加清晰度是指增强图像的锐利度和清晰程度。这可以使图像的边缘更加清晰，细节更加鲜明。去除薄雾是指减少或消除图像中的雾气效果。薄雾会导致图像整体显得模糊、暗淡，并且影响了远处物体的可见度。通过去除薄雾，可以使图像更加清晰明亮，还原真实场景的清晰度和色彩。

图 4-9

进行"曲线"调整。单击编辑蓝色通道曲线，减少蓝色，增加黄色，如图 4-10 所示。单击编辑绿色通道曲线，减少绿色，使照片呈现洋红色和黄色的综合效果，变成橙色，如图 4-11 所示。

图 4-10

图 4-11

将两张图片导入 Photoshop 中，如图 4-12 和图 4-13 所示。

图 4-12

图 4-13

照片的合成处理

接下来，将准备好的光线素材合成到背景图层上。选择"移动工具"，单击选中素材并将其拖动到背景图层上，如图 4-14 所示。

调整好位置，使其覆盖整张背景图层，如图 4-15 所示。

图 4-14

图 4-15

将混合模式改为"滤色"，如图 4-16 所示。为了使光线更加突出，单击"创建新的曲线调整图层"按钮，如图 4-17 所示，无需调整曲线。

将混合模式改为"正片叠底"，如图 4-18 所示。

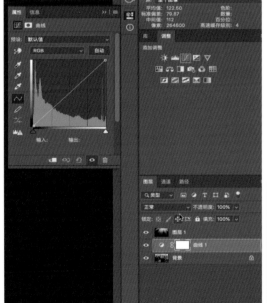

图 4-16

图 4-17

图 4-18

调整后的效果如图 4-19 所示。

图 4-19

局部优化

选择"渐变工具",选择黑色为"前景色",选择"径向渐变","不透明度"设为 30% 左右,如图 4-20 所示,拖动渐变工具在图像中创建渐变,在需要的地方进行擦拭,使光线更加突出。

此外,可以对光线图层进行复制。右键单击光线素材图层,选择"图层 1"图层,将其拖动到"创建新图层"按钮上,创建图层副本,降低副本图层的不透明度,如图 4-21 所示。

图 4-20

图 4-21

单击新复制的图层，将其选中，在右侧的"调整"面板中，单击"创建新的曲线调整图层"按钮，创建一个曲线图层，控制曲线进行适当的压暗处理，如图 4-22 所示。调整完毕之后，可以再次使用"渐变工具"擦拭人物主体，使其变得更加透亮。

图 4-22

完成上述操作之后，继续新建一个曲线调整图层，如图 4-23 所示。选择蓝色通道，按住鼠标左键并向下拖动，以降低蓝色。选择红色通道，按住鼠标左键并向上拖动，以增加红色，如图 4-24 所示。

图 4-23

图 4-24

调整完毕之后，用鼠标右键单击图层空白处，在弹出的菜单中选择"拼合图像"，如图 4-25 所示。

最后，选择"裁剪工具"，对照片进行二次构图，如图 4-26 所示。按"Enter"键或者双击鼠标，应用裁剪。

图 4-25

图 4-26

4.2 实战案例二

在案例一中，引入丁达尔光效后的画面更有层次感和意境。同样的方法也可以用在动物题材作品中，经由颜色和光线的调整，创造出梦幻的效果。调整前后的效果如图 4-27 和图 4-28 所示。

图 4-27

图 4-28

同样的，在蜗牛照片之外准备一张光线的素材图片，将两张素材全都导入 Camera Raw 滤镜中，如图 4-29 所示。

图 4-29

根据创意需求调整照片

首先对蜗牛的照片进行调整，单击"自动"按钮，然后进一步降低"色温"，将"色温"向着蓝色方向移动，如图 4-30 所示。

图 4-30

　　接下来，对光线的素材图片进行调整。结合最终想达成的效果来看，我们不能再将光线调整至暖色调，相反，我们需要的是冷色调。所以，将"基本"面板中的"色温"滑块向着蓝色调方向调整，将"色调"滑块向着绿色方向调整，如图 4-31 所示。

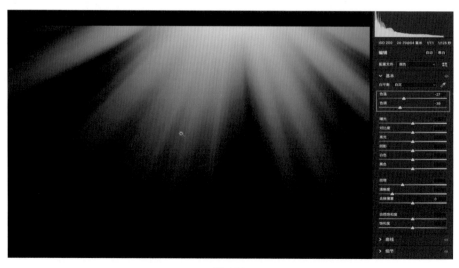

图 4-31

照片的合成处理

将照片导入 Photoshop 中，如图 4-32 所示。

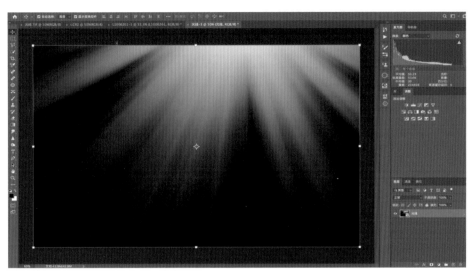

图 4-32

接着，将调整好的光线素材合成到背景图层上。选择"移动工具"，单击选中素材并将其拖动到背景图层，如图 4-33 所示。

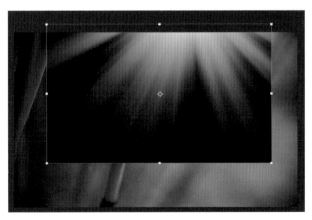

图 4-33

将图层的混合模式改为"滤色"，然后调整大小将背景图层完全覆盖，如图 4-34 所示。

图 4-34

照片优化

如果觉得光线不够明显，我们可以选中光线的图层，将其拖到"创建新图层"按钮上松开鼠标，创建一个副本图层，如图 4-35 所示。

单击光线背景图层，将其选中，单击右下角的"添加蒙版"按钮，为光线图层添加一层蒙版，如图 4-36 所示。

图 4-35

图 4-36

选择"渐变工具"，"前景色"选择为黑色，选择"径向渐变"，"不透明度"设置在 20% 左右，对蜗牛主体进行擦拭，避免光线对蜗牛产生过多影响，如图 4-37 所示。

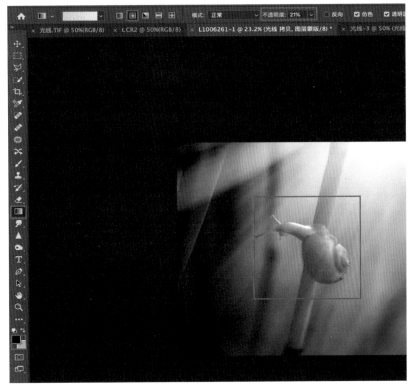

图 4-37

　　同样的，对光线的副本图层也做同样处理。首先，添加一层蒙版，如图 4-38 所示。然后，利用"渐变工具"对蜗牛进行还原。最后，用鼠标右键单击图层空白处，在弹出的菜单中选择"拼合图像"，保存照片即可。

图 4-38

第 5 章　创造神秘的月光之夜

本章我们将学习如何打造独特的月光效果。调整前后的对比如图 5-1 和图 5-2 所示。借助画面中的一丝丝清辉、一片片柔和的光晕，我们将勾勒出月光照射下的神秘景象：在黑夜的幕布下，月光洒下来，为大地披上了一层神秘的面纱。

图 5-1

图 5-2

准备一张月亮的图片，如图 5-3 所示。

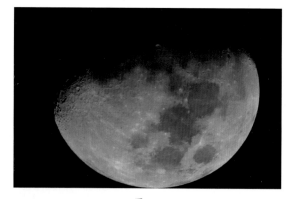

图 5-3

5.1　背景照片的基础调整

首先，我们将背景照片导入 Camera Raw 滤镜中，如图 5-4 所示。

图 5-4

　　单击"自动"按钮，进而减少"高光"值，增加"对比度""阴影""黑色"和"去除薄雾"值，如图 5-5 所示，整个画面变得通透了。

图 5-5

　　单击选择"渐变滤镜"，单击"重置局部校正通道"按钮，从右上方往左下角拖动鼠标，制作一个渐变，如图 5-6 所示。然后减少"曝光""高光"和"白色"的值，让天空变暗，中间稍微留有白色的地方即可。

图 5-6

将照片导入 Photoshop 中,如图 5-7 所示。

图 5-7

5.2 用"颜色查找"功能为照片渲染色彩

单击右侧"调整"面板中的"创建新的颜色查找调整图层"按钮,进入"属

性"面板，在"3DLUT 文件"后面的下拉框中选择"Moonlight.3DL"，如图 5-8
所示。调整后的效果如图 5-9 所示。在 Photoshop 中，颜色查找工具是一种功能
强大的调色工具，它可以通过应用预设的颜色来改变图像的整体色调和色彩风
格，从而创造出多样化的视觉效果。

图 5-8　　　　　　　　　　　　　　　　　　图 5-9

　　单击"创建新的曲线调整图层"按钮，对曲线进行提升，提亮画面，如
图 5-10 所示。

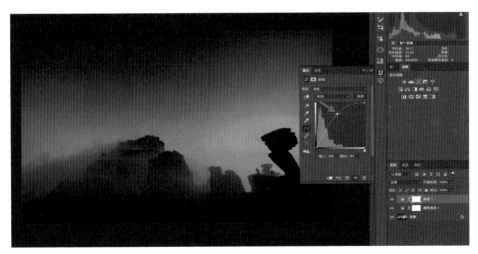

图 5-10

　　选择"渐变工具"，"前景色"设置为黑色，选择"线性渐变"，"不透明

度"设置在 30% 左右，单击鼠标并由上往下拖动鼠标，进行渐变操作，如图 5-11 所示。

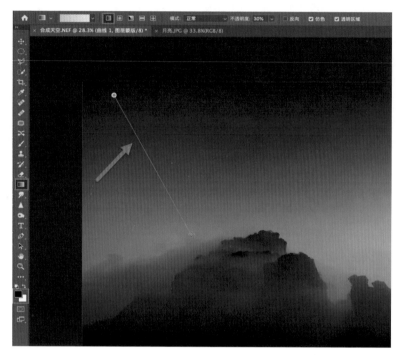

图 5-11

双击"曲线 1"的蒙版图层，设置"羽化"值，如图 5-12 所示。

图 5-12

5.3 照片的合成处理

　　将月亮的素材照片添加到背景图层上：选择"移动工具"，单击月亮的图片，并拖动图片移动到背景素材上，调整位置和大小，将混合模式改成"滤色"，如图5-13所示。

图 5-13

　　进一步缩小素材图片，调整月亮至合适的大小，如图5-14所示。

5.4 局部优化

　　选择"椭圆形选框工具"，将月亮选中，如图5-15所示。使用"椭圆形选框工具"来选取月亮有以下几个好处。

图 5-14

　　1. 快速而准确："椭圆形选框工具"可以帮助你快速创建一个准确的椭圆形或圆形选区，适用于选取月亮这种圆形对象。你可以根据月亮的形状和位置，精确地绘制一个与其匹配的选区，而无需手动绘制。

2. 约束选择范围：月亮作为图像中相对较小且有明确轮廓的对象，使用"椭圆形选框工具"可以将选择范围限制在月亮的轮廓内，避免不必要的错选。

3. 精确调整选取范围：一旦你创建了椭圆形选区，就可以通过拖动或调整选框的大小来精确调整选取范围，确保选中整个月亮。

单击创建新的曲线调整图层，提升曲线，如图 5-16 所示。

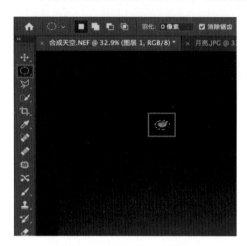

图 5-15　　　　　　　　　　　　　　　　图 5-16

单击"蒙版"按钮，设置"羽化"值，如图 5-17 所示，此时效果如图 5-18 所示，月亮已变得朦胧。

图 5-17　　　　　　　　　　　　　　　图 5-18

　　单击右侧"调整"面板中的"创建新的色相/饱和度调整图层"按钮，选择"全图"，减少"色相"值，增加"饱和度"值，如图 5-19 所示。

　　再建一个曲线调整图层，如图 5-20 所示，调整曲线。然后将图层的"不透明度"设置为 80% 左右，如图 5-21 所示。最后，用鼠标右键单击图层空白处，在弹出的菜单中选择"拼合图像"，一张神秘月夜的照片打造完毕。

图 5-19

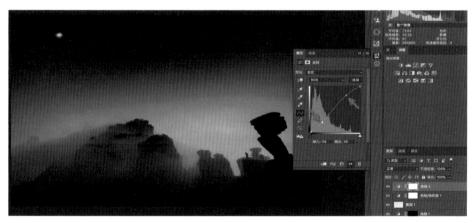

图 5-20

图 5-21

第 6 章　营造光效，增添艺术感

在 Adobe Photoshop 中，营造光线效果可以为图像增添视觉冲击力和艺术感。光线效果可以用于强调特定的元素、营造氛围或增加幻想效果。通过在图像中添加光线效果，可以将观看者的注意力引导到特定的区域或元素上。这种突出显示可以使重要的主题或细节更加显眼，增强图像的视觉吸引力。光线效果可以改变图像的整体氛围和情绪。例如，添加柔和的暖色光线可以为图像增添温暖、浪漫的氛围；而添加冷色调的蓝色光线则会给图像带来冷酷、神秘的感觉。光线的类型、方向和颜色选择都可以根据所需氛围进行调整。

通过在图像的不同部分添加光线效果，还可以增加层次感和深度。透过树叶或窗户的光线，可以给图像带来更多的维度和立体感。光线效果还可以用于创造幻想或梦幻般的场景。例如，在幻想艺术作品中，通过添加流光、星光、闪烁等特殊光线效果，可以营造出神奇、魔幻的氛围。在使用光线效果时，要根据图像的主题和风格选择合适的光线效果。

本章我们将学习如何营造光线效果，调整前后的对比如图 6-1 和图 6-2 所示。

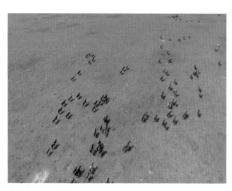

图 6-1

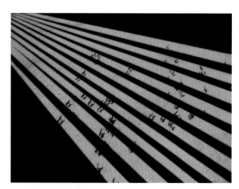

图 6-2

6.1　根据创意效果调整照片

将照片导入 Camera Raw 滤镜中，如图 6-3 所示。

单击"自动"按钮，增加"对比度"值，减少"高光"值，如图 6-4 所示。

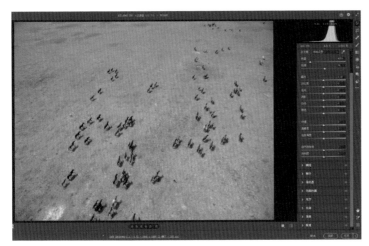

图 6-3

图 6-4

接下来，对照片的"色调"进行调整。我们要把这张照片打造成暖色调，所以"色温"滑块要向黄色的方向调整，"色调"滑块稍微向洋红方向调整，并稍微增加"曝光"值，减少"自然饱和度"值，如图 6-5 所示。

图 6-5

然后，减少"清晰度""去除薄雾"和"阴影"值，增加"纹理""白色"值，根据照片的情况再适当减少"曝光"值，如图 6-6 所示。

图 6-6

在 Camera Raw 滤镜中的调整已经结束，单击右下角的"打开"按钮，将照片导入 Photoshop 中，如图 6-7 所示。

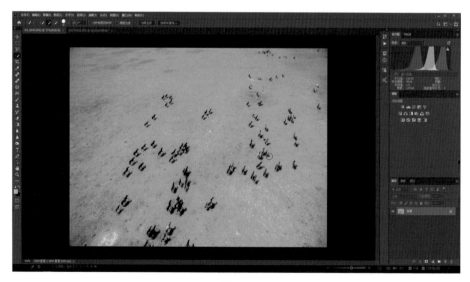

图 6-7

在右侧的"调整"面板中，单击"创建新的曲线调整图层"按钮，创建一个曲线调整图层,向下拖动曲线顶部的控制点,如图 6-8 所示,此时照片变得漆黑一片。

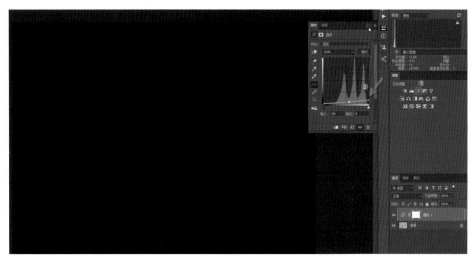

图 6-8

6.2 借助选区工具营造光效

在左侧工具栏中选择"多边形套索工具",如图 6-9 所示。多边形套索作为一种选择工具,可以在图像上创建多边形形状的选取区域。使用"多边形套索工具"时,我们可以通过单击鼠标来确定选取区域的各个顶点,并依次连接这些顶点以创建多边形形状。与其他选择工具相比,"多边形套索工具"的优势在于可以在需要的地方创建角度较为锐利或不规则的选取区域。

图 6-9

在图像上单击鼠标,将第一个顶点放置在所需的位置。移动鼠标指针,然后继续单击以创建多边形的下一个顶点,如图 6-10 所示。最后,单击鼠标右键即可完成多边形的自动闭合。

图 6-10

重复上述步骤，创建多个选区，如图 6-11 所示。完成选取后，可以在多边形选取区域上进行各种编辑操作，如移动、剪切、复制等。

图 6-11

将"前景色"设置为黑色，单击"编辑"菜单，选择"填充"，如图 6-12 所示。

在弹出的"填充"对话框中，内容选择"前景色"，如图6-13所示，单击"确定"按钮即可。

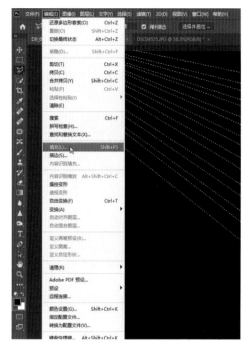

图6-12

图6-13

经过上述操作，效果如图6-14所示，此时已经有了初步的光线效果。此时照片的左下角空间比较大，所以我们需要再创建几个多边形的选区，并对其进行填充，如图6-15所示。

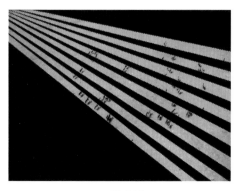

图6-14

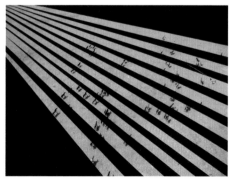

图6-15

6.3 羽化选区，让光照效果更自然

双击曲线的蒙版图层，进入"属性"面板，单击"蒙版"按钮，设置"羽化"值为5像素左右，如图6-16所示。使用羽化时，选取区域的边缘会逐渐变得模糊，产生一种过渡效果，让光线的效果更加真实。

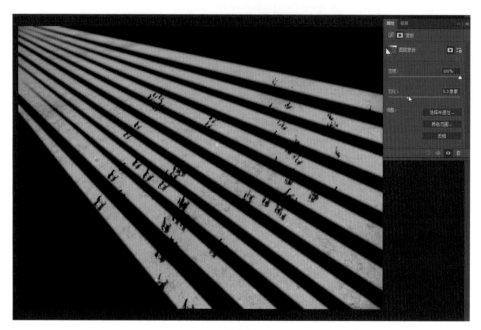

图 6-16

第 7 章　改变天空，打造独特氛围与魅力

本章我们将学习如何更换照片中的天空部分。通过更换不同的天空，可以改变照片的整体色调和光线情况，从而为场景带来特定的氛围和情绪，并创造出更加吸引人的视觉效果。借助不同的天空背景可以传达不同的主题和情绪，使照片与众不同，突显创意和想法。

调整前后的对比如图 7-1 和图 7-2 所示。

图 7-1

图 7-2

本章素材采用的是一张建筑工地的照片，原图相对比较平淡，没有任何感染力，但是整张照片的线条感不错。对于这张照片，可以变换它的天空部分，将其打造成一张日落场景的照片，因此我们需要准备一张落日的素材，如图 7-3 所示。

图 7-3

7.1 根据创意需求调整照片

将照片导入 Camera Raw 滤镜中，如图 7-4 所示。

图 7-4

单击"自动"按钮，增加"对比度""去除薄雾"值，减少"阴影""黑色"和"高光"值，如图 7-5 所示。

图 7-5

　　进入"混色器"面板，单击"明亮度"按钮，接着将"蓝色"的明亮度增加至最大值，将"红色""橙色"和"黄色"的明亮度减少至最小值，如图 7-6 所示。

图 7-6

将照片导入 Photoshop 中，如图 7-7 所示。

图 7-7

图 7-8

接下来，我们利用颜色容差将蓝天选中。在右侧"调整"面板中单击"创建新的曲线调整图层"按钮，单击"蒙版"按钮，单击"颜色范围"按钮，如图 7-8 所示。

进入"色彩范围"对话框中，选择"取样颜色"。接下来，选中第一个吸管，在照片中单击鼠标，选取照片中天空的颜色后，增加"颜色容差"值。然后，选择"添加吸管"，去选中天空中没有被选中的部位，如图 7-9 所示，选取好之后，减少"颜色容差"值，如图 7-10 所示，单击"确定"按钮。

"颜色容差"是指在进行颜色选择、编辑或调整的过程中，允许的颜色差异范围。换句话说，它表示一个像素的颜色与所选颜色或目标颜色之间可以有多少差异。颜色容差可以帮助我们在进行色彩修正、选取、填充和抠图等操作时，更准确地选择所需的颜色范围。通过调整容差值，我们可以控制选择的严格程度。

较低的容差值会限制选取的颜色范围，而较高的容差值则会扩大选取的范围。通常情况下，我们可以根据所需的准确性和细节来调整容差值，以获得最佳的选择结果。

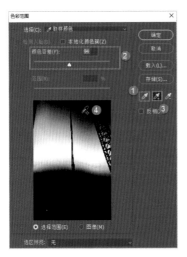

图 7-9   图 7-10

按住"Alt"键，单击"曲线 1"图层的蒙版，如图 7-11 所示。

图 7-11

放大照片，我们会发现由于人物的衣服是蓝色的，所以在选中天空时，人物的衣服也被选中，呈现为白色如图 7-12 所示。

选择"画笔工具"，选择"前景色"为黑色，"不透明度"为 100%，调整画笔的"硬度"和"大小"，单击衣服白色的区域，或者单击并拖动鼠标，调整后的效果如图 7-13 所示。

图 7-12

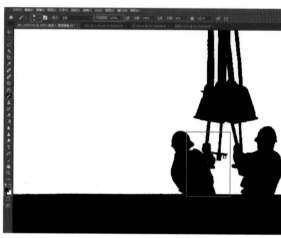

图 7-13

双击"曲线 1"图层，向上拖动曲线底部的控制点，将曲线的最低处调至最高处，如图 7-14 所示。

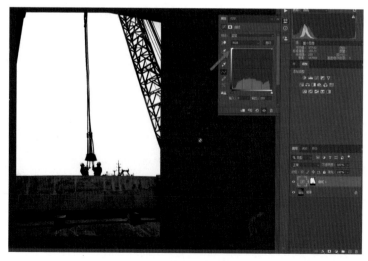

图 7-14

按住"Ctrl"键，单击"曲线 1"图层的蒙版，单击"选择"菜单，选择"反选"，如图 7-15 所示。

图 7-15

在右侧"调整"面板中，再次单击"创建新的曲线调整图层"，将曲线顶部的控制点调整至最低处，如图 7-16 所示。

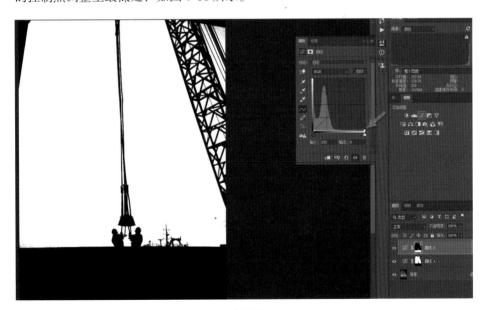

图 7-16

7.2 照片的合成处理

将天空的素材添加到背景图层上，将图层的混合模式改为"正片叠底"，如图 7-17 所示。

图 7-17

继续调整落日的照片，让太阳的位置与中心人物重合，选择"移动工具"，勾选"显示变换控件"，如图 7-18 所示。将落日的照片向上拉伸，直至覆盖整个画面，调整后的效果如图 7-19 所示。

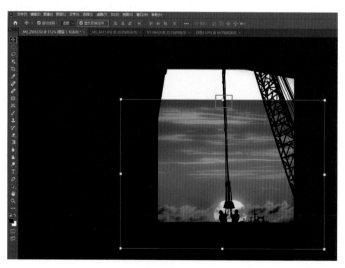

图 7-18

选中"曲线 2"图层，单击"创建新的黑白调整图层"按钮，如图 7-20 所示。

图 7-19

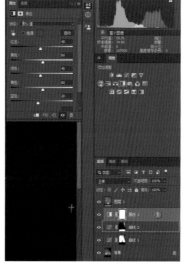

图 7-20

7.3　局部细节处理

选中"曲线 1"图层，选择"渐变工具"，选择"前景色"为黑色，选择"径向渐变"，"不透明度"设置在 30% 左右，如图 7-21 所示，将照片中部分细节还原。用鼠标右键单击图层空白处，在弹出的菜单中选择"拼合图像"。

选择"套索工具"，将需要调整的地方选取出来，如图 7-22 所示。

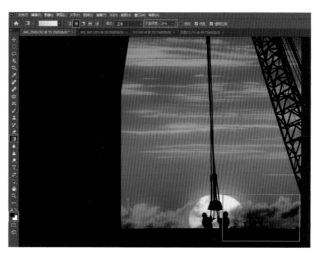

图 7-21

图 7-22

单击"调整"面板中的"创建新的曲线调整图层"按钮，对选区进行调整，提升曲线，如图 7-23 所示。然后，单击"蒙版"按钮，设置"羽化"值，如图 7-24 所示。最后保存照片即可。

图 7-23

图 7-24

第8章 打造幽静的荷塘月色景象

本章我们来学习如何打造月夜荷塘景象，调整前后的对比如图 8-1 和图 8-2 所示。这张素材构图的最大的优势在于荷花与荷叶一大一小，形状相对比较完美，形成了一种对比、呼应。综合考量拍摄角度和光线，将这张照片打造成荷塘月色的景象比较合适。

图 8-1

图 8-2

首先，除了荷花照片，我们还要准备一张月色的照片，如图 8-3 所示。

图 8-3

将两张素材照片导入 Camera Raw 滤镜中，如图 8-4 所示。

图 8-4

8.1 提亮天空

为了后期更好的处理天空，我们需要将天空尽量调整成为白色。单击"自动"按钮，先进行一个自动的调整，进而增加"对比度""去除薄雾""高光"和"白色"的值，如图 8-5 所示。此时，我们会发现天空已经变得很白了，这对于我们后期的照片合成具有很大帮助。

图 8-5

将照片导入 Photoshop 中，如图 8-6 和图 8-7 所示。

图 8-6

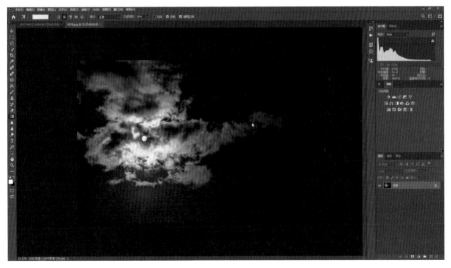

图 8-7

接下来，我们需要将除了荷花和荷叶之外的背景清除掉。选择"快速选择工具"，调整大小，将荷花与荷叶选中，如图 8-8 所示。

图 8-8

　　把图像放大，选择"从选区减去"工具，准备将多选的部分去除。如图 8-9 所示。单击需要从选区减去的部分，调整后的效果如图 8-10 所示。

图 8-9

图 8-10

　　接着，单击鼠标右键，在弹出的菜单中选择"选择反向"，如图 8-11 所示。将除了荷花和荷叶之外的区域选中，如图 8-12 所示。

图 8-11

图 8-12

单击"调整"面板中的"创建新的曲线调整图层"按钮，创建"曲线"图层，将曲线底部的控制点向上拖动至最顶端，如图 8-13 所示。此时，整张图片变得干净整洁了。

单击"蒙版"按钮，并将"羽化"值调整为 1.8 像素左右即可，如图 8-14 所示。

图 8-13

图 8-14

8.2　图像合成

选择"移动工具"，将月夜的素材拖动至背景图层中。完成移动后，将图像进行拉伸，以覆盖整个背景画面。将月夜图层的混合模式改为"正片叠底"，使其融入背景中，如图 8-15 所示。

图 8-15

此时，荷花所具有的透视感和层次感已非常漂亮，但为了平衡画面，我们仍需要将云彩密布的部分移到图像的右边。单击鼠标右键，在弹出的菜单中选择"水平翻转"，如图 8-16 所示。将云彩调整并移动到合适的位置，效果如图 8-17 所示。

图 8-16

图 8-17

8.3 去除痕迹，优化细节

接下来，我们需要将荷花与荷叶上的天空和云彩的痕迹去除。按住"Ctrl"键，单击曲线图层的蒙版图层，将除了荷花与荷叶之外的选区再次进行选中，用鼠标右键单击选区，选择"选择反相"，此时就会得到荷花与荷叶的选区。单击鼠标选中月色的图层，为其添加一个蒙版图层，如图 8-18 所示。

双击"图层 1"的蒙版图层，进入到"属性"面板，单击"反相"按钮，如

图 8-19 所示。此时已经可见初步的效果。

图 8-18

图 8-19

选择"渐变工具","前景色"设置为白色,选择"径向渐变","不透明度"调整至 20% 左右,对荷花和荷叶进行还原,适当地营造出半透明的感觉如图 8-20 所示。

图 8-20

荷花的边缘会产生痕迹,我们需要对边缘进行处理。按住"Ctrl"键,单击"曲线 1"的蒙版图层,将选区再次进行选中。然后单击"图层 1"的蒙版,将其选中,在"图层 1"蒙版上进行调整。单击"选择"菜单,选择"修改"——"扩展",如图 8-21 所示。

图 8-21

在弹出的对话框中，调整"扩展量"为 1 像素，单击"确定"按钮，如图 8-22 所示。

单击"编辑"菜单，选择"填充"，如图 8-23 所示。

在弹出的"填充"对话框中，我们需要填充白色，由于前景色我们已经选择了白色，因此把默认的"内容识别"改为"前景色"即可，如图 8-24 所示。单击"确定"按钮。

图 8-22　　　　　　　　　图 8-23　　　　　　　　　图 8-24

单击"创建新的色相 / 饱和度调整图层"按钮，进入色相 / 饱和度"属性"面板，选择"蓝色"，降低"明度"值，如图 8-25 所示。

图 8-25

选择"拼合图像"，并创建背景图层副本。单击"滤镜"菜单，选择"模糊"—"高斯模糊"，如图 8-26 所示。

图 8-26

"半径"设置为 30 像素左右即可，如图 8-27 所示，单击"确定"按钮。

调整副本图层的"不透明度"和"填充"值，调整后的效果如图 8-28 所示。

图 8-27

图 8-28

为了增加荷花的通透感，选择"套索工具"，将荷花和荷叶的形状大致选择出即可，如图 8-29 所示。

图 8-29

单击"创建新的曲线调整图层"按钮，提升曲线，如图 8-30 所示。

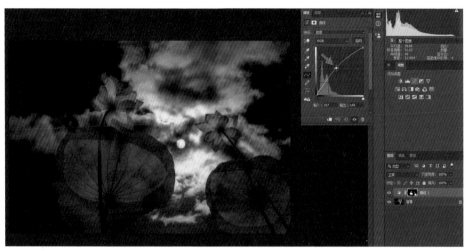

图 8-30

单击"蒙版"按钮，设置"羽化"的值，如图 8-31 所示。

图 8-31

再次建立曲线调整图层，压低曲线，制造光影，如图 8-32 所示。

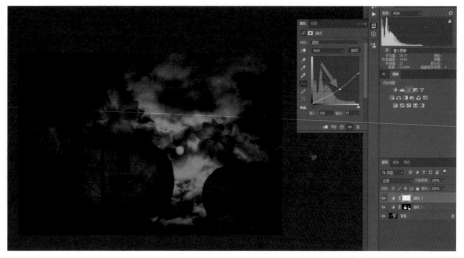

图 8-32

　　选择"渐变工具","前景色"选择黑色,选择"径向渐变","不透明度"设置为 20% 左右,对荷花和荷叶进行还原,如图 8-33 所示。

图 8-33

创建新的"色相/饱和度调整图层"，增加"饱和度"值，如图 8-34 所示。

拼合图像，单击"创建新的曲线调整图层"，单击"蒙版"按钮，单击"颜色范围"按钮，如图 8-35 所示。

图 8-34

图 8-35

进入"色彩范围"对话框，利用"吸管工具"，吸取云彩的颜色，调整"颜色容差"值为 70% 左右，如图 8-36 所示，单击"确定"按钮。

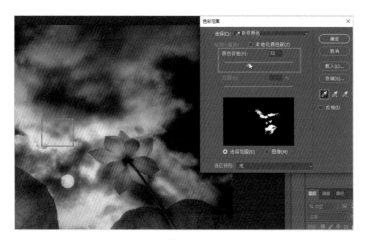
图 8-36

回到曲线调整图层，对蓝色通道、红色通道和绿色通道曲线分别进行调整，如图 8-37、图 8-38 和图 8-39 所示。

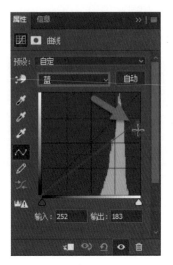

图 8-37

图 8-38

图 8-39

单击"蒙版"按钮，调整"羽化"值，并将图层的"不透明度"调整至75% 左右，如图 8-40 所示。最后，用鼠标右键单击图层空白处，在弹出的菜单中选择"拼合图像",保存照片即可。

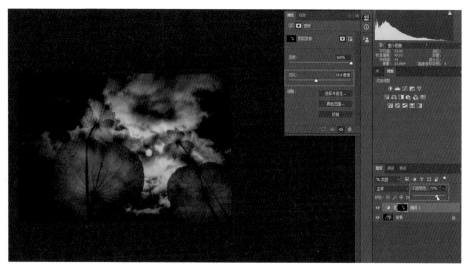

图 8-40

第 9 章 光与影的巧妙结合

　　在本章中，我们将学习光与影的巧妙结合。首先，准备两张素材，如图 9-1 和图 9-2 所示。第一张照片拍摄角度相对独特，让人物的影子呈现在了主体之上。同时，照片中的颜色和光影效果相得益彰。而第二张照片整体上光影感觉没有那么强烈，但是它的层次、细节和线条更加理想。综上所述，第一张照片的影子效果较好，第二张照片的线条和层次处理更佳。因此，我们可以将它们整合在一起，打造成一张独立的光影作品，合成之后的效果如图 9-3 所示。

图 9-1

图 9-2

图 9-3

9.1 优化照片色彩

将两张素材照片导入 Camera Raw 滤镜中，单击缩略图右上角的按钮，从弹出菜单中选择"全选"，如图 9-4 所示。

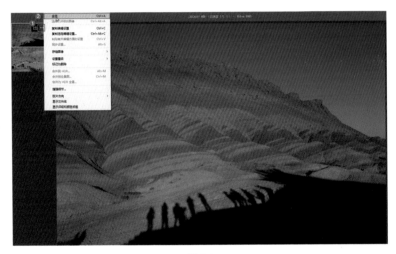

图 9-4

单击"自动"按钮，进一步增加"对比度""纹理""去除薄雾"和"清晰度"等参数值，减少"高光"值，如图 9-5 所示。

图 9-5

接着，对第二张素材进行进一步调整。由于第二张照片在整体上有点偏蓝，因此，我们需要将色温略微向黄色方向调整，并将色调偏向红色调整。同时，适当降低"曝光"值并增加"白色"的值，如图 9-6 所示，现在两张照片的光影和色彩基本一致。

图 9-6

9.2 照片合成处理

接下来，我们将两张照片导入 Photoshop 界面中进行后续处理，选择"套索工具"，将照片中的光影部分选中，如图 9-7 所示。

图 9-7

选择"移动工具"，将选中的区域移动到第二张素材标题处，如图 9-8 所示，即可将光影部分移至第二张素材中。

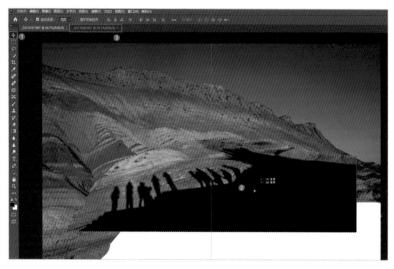

图 9-8

通过观察我们发现，光影部分的光源方向是来自右侧的，而在第二张素材图像上，光线却是来自左侧的，二者存在矛盾。接下来，用鼠标右键单击照片，在弹出菜单中选择"水平翻转"，如图 9-9 所示。

图 9-9

通过水平翻转，光线来源方向一致性问题得以解决。调整光影区域的大小和位置，并将图层的混合模式改为"变暗"，如图 9-10 所示。

图 9-10

调整完毕之后，可能会发现照片原有的细节丢失了。这时我们可以采取以下步骤来解决。双击"图层 1"图层，在弹出的"图层样式"对话框中，"混合颜色带"选择"红"，按住"Alt"键，拖动"本图层"的滑块进行调整，调整完毕之后单击"确定"按钮即可，如图 9-11 所示。

图 9-11

9.3　去除杂色，优化细节

然后，单击"添加蒙版"按钮，为"图层 1"添加一层蒙版，选择"画笔工具"，"前景色"选择"黑色"，调整画笔的大小，修复照片交界处多余的杂色，如图 9-12 所示。

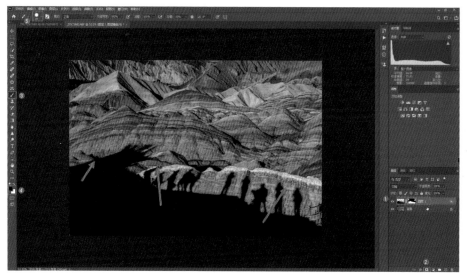

图 9-12

单击"图层 1"左侧的图层可见性按钮，不显示"图层 1"的效果。然后选中"背景"图层，单击"背景"图层右侧的按钮，将图层解锁，如图 9-13 所示。

图 9-13

最后，选择"移动工具"，勾选"显示变换控件"复选框，如图 9-14 所示。按住"Shift"键，向下拖动控制点，对照片进行拉伸处理，并将其移动至合适的位置即可。调整完毕之后，拼合图像，保存照片即可。

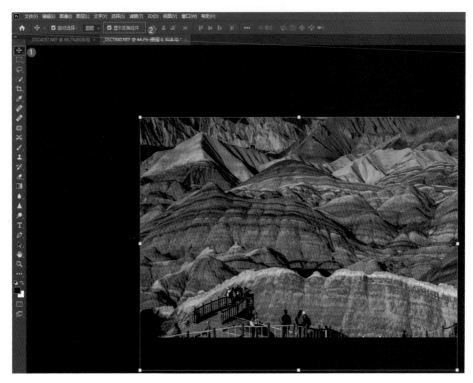

图 9-14

3

色彩创意

　　色彩创意是摄影和后期制作中的重要元素之一。通过巧妙地运用色彩，我们可以营造暖色光效、创造五彩斑斓的效果，并通过色彩运用来营造神秘的氛围。另外，替换背景色也是一种有趣的色彩创意方法。本篇将带你进入色彩的奇妙世界，探索如何通过色彩来表达情感、营造氛围，并提供一些实用技巧和灵感参考。

第 10 章　营造暖色光效

本章我们将学习如何营造暖色光效，调整前后的对比图如图 10-1 和图 10-2所示。

图 10-1

图 10-2

10.1　营造暖色效果

将照片导入 Camera Raw 滤镜中，单击"自动"按钮，然后对照片的"色温"和"色调"进行相应调整。接着，增加"对比度"和"阴影"等参数值，适当地增加"自然饱和度"和"饱和度"值，如图 10-3 所示。

图 10-3

在右侧界面中找到"光学"面板，单击"配置文件"按钮，勾选"删除色差"复选框，如图 10-4 所示。

找到"分离色调"界面，对"高光"的"色相"和"饱和度"进行相应调整，如图 10-5 所示。

图 10-4

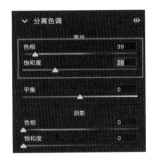

图 10-5

10.2　利用"径向模糊"营造光效

调整完毕之后，将照片导入 Photoshop 中。单击"通道"按钮，选择"蓝"通道，进行复制。然后，选择"多边形套索工具"，框选如图 10-6 所示区域。

图 10-6

用鼠标右键单击照片，选择"选择反向"，如图 10-7 所示。选择之后的效果
如图 10-8 所示。

图 10-7

图 10-8

将"背景色"选为"黑色"，单击"编辑"菜单，选择"填充"，内容选择
"背景色"，如图 10-9 所示，单击"确定"按钮。

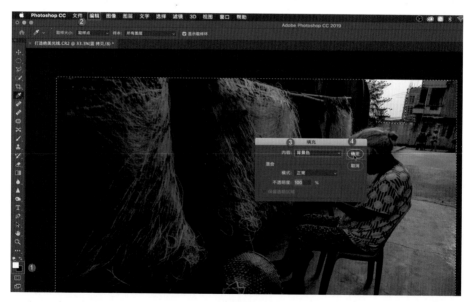

图 10-9

单击"滤镜"菜单，选择"模糊"—"径向模糊"，如图 10-10 所示。

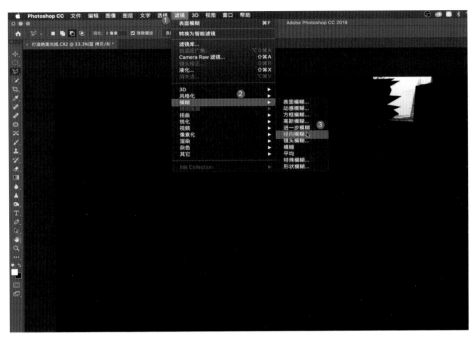

图 10-10

在弹出的"径向模糊"对话框中,调整"数量"值,如图 10-11 所示,单击"确定"按钮。重复上述操作大约十几次,直到光的效果如图 10-12 所示即可。

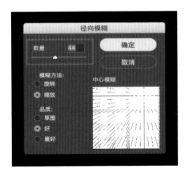

图 10-11 　　　　　　　　　　　　　　图 10-12

利用快捷键"Ctrl+A"将照片全部选中，然后利用快捷键"Ctrl+C"进行复制。单击"图层"按钮，利用快捷键"Ctrl+V"进行复制，混合模式改为"滤色"，如图 10-13 所示。

图 10-13

在"调整"面板中，单击"创建新的曲线调整图层"按钮，创建一个曲线调整图层，分别对"RGB"通道、蓝色通道和红色通道进行调整，如图 10-14、图 10-15 和图 10-16 所示。

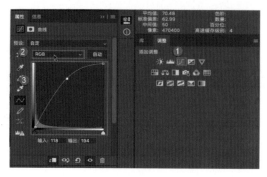

图 10-14

图 10-15

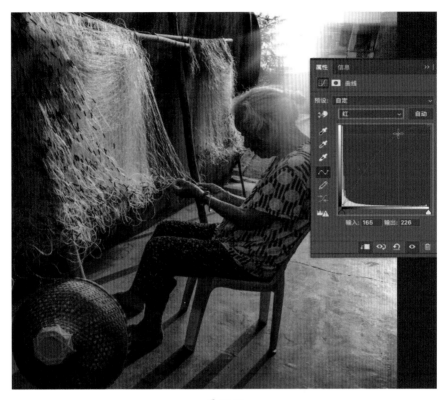

图 10-16

对"图层 1"进行复制，如图 10-17 所示。

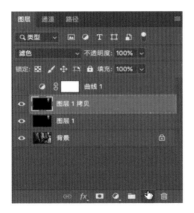

图 10-17

10.3 调整光线位置

选择"移动工具",勾选"显示变换控件",调整光线位置,如图 10-18 所示。

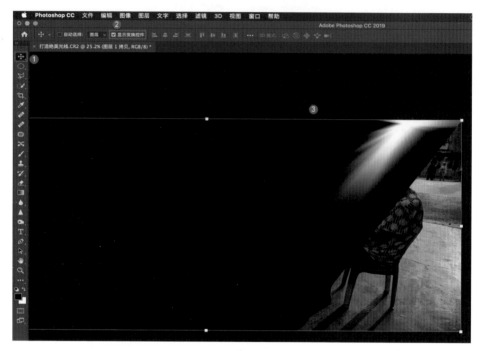

图 10-18

将"图层 1"图层和"图层 1 拷贝"图层进行合并,然后单击"曲线 1"的
蒙版图层,单击"属性"面板右下角的第一个按钮,如图 10-19 所示。

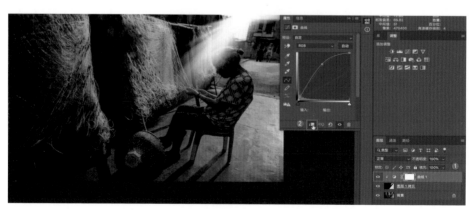

图 10-19

选择"图层 1 拷贝"图层，调整图层的"不透明度"，如图 10-20 所示。

图 10-20

10.4 细节优化

选中"图层 1 拷贝"图层，单击"添加蒙版"按钮，选择"画笔工具"，将前景调整为"白色"，调整画笔大小，对人物的面部进行涂抹，如图 10-21 所示，并调整图层的"不透明度"。调整完毕后，拼合图像。

图 10-21

选择"快速选择工具"，将人物的面部选中，如图 10-22 所示。

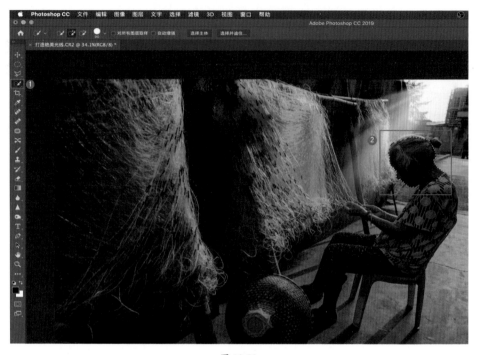

图 10-22

　　单击"调整"面板中的"创建新的曲线调整图层"按钮，创建一个曲线调整图层，调整曲线，对所选区域进行提亮，如图 10-23 所示。

图 10-23

复制背景图层，单击"滤镜"菜单，选择"模糊"—"高斯模糊"，如图10-24 所示。

图 10-24

在弹出的"高斯模糊"的对话框中，调整"半径"大小，如图10-25 所示，调整完毕之后单击"确定"按钮。

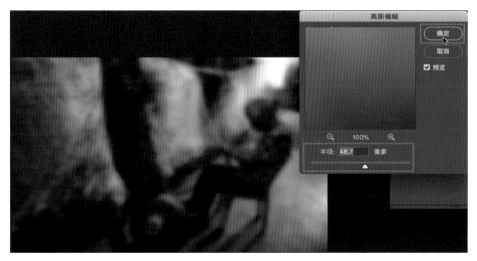

图 10-25

最后，调整图层的"不透明度"和"填充"值，如图 10-26 所示。

图 10-26

第11章 打造冷暖对比效果

冷暖对比是指调整图像的色温以增强色彩对比度。其中，冷色调通常传达出冷静、冷淡、寒冷的感觉，而暖色调可传达温暖、舒适、活力的感觉。通过增加或减少某种色调，可以让图像更好地传达特定的情绪和氛围，使主体或者特定区域在色彩上与周围环境产生明显的对比。这样可以凸显主题，并增加视觉冲击力。

通过调整冷暖对比，还可以纠正图像中的色彩偏差，使其更接近真实场景中的色彩。通过精确调整冷暖对比，创造出与众不同的视觉效果，使图像更加生动、鲜明和富有情感。

本章我们学习如何打造冷暖对比效果，首先我们先分析一下素材照片，如图11-1所示。这张照片非常纯净，用于打造冷暖对比相对容易。调整之后的效果如图11-2所示。

图 11-1

图 11-2

将照片导入 Camera Raw 滤镜中，我们需要先裁剪图像，将多余的部分裁

掉。选择"裁剪工具",裁剪比例选择
2:3,将多余的部分裁剪掉,直到符合视图
大小,如图11-3所示。

11.1 利用 Camera Raw 滤镜
打造冷色调

接下来,我们来做冷暖对比调整。单击
"自动"按钮,然后增加"对比度"值,降低
"曝光"值,"色温"滑块向蓝色方向调整,
"色调"滑块向绿色方向调整,使整体呈现
较冷的色调,如图11-4所示。

图 11-3

图 11-4

11.2 新建智能对象的应用

将照片导入 Photoshop 中,用鼠标右键单击图层空白处,在弹出的菜单中选

择"通过拷贝新建智能对象"，便可以创建一个智能对象的副本，如图 11-5 所示。智能对象是一种特殊的图层类型，它为非破坏性地编辑和转换图像提供了许多灵活性和便利性。通过创建智能对象的副本，可以保留原始图像的完整性，而不会对其进行任何实际的修改。这样，我们可以随时回到原始图像，并重新进行编辑，而无需担心丢失任何信息或造成不可逆转的更改。

通过将图层转换为智能对象，我们可以对它进行各种调整，如亮度、对比度、色阶、曲线等，或是应用滤镜效果，如模糊、锐化、虚化等。这些调整和滤镜效果可以随时修改或删除，而不会影响原始图像数据。同时，我们还可以方便地进行重复和批量操作。

双击最下方的图层，回到 Camera Raw 滤镜中，将白平衡设置为"原照设置"，增加"曝光"值，如图 11-6 所示。

图 11-5

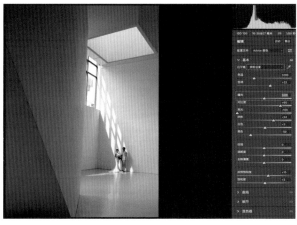
图 11-6

然后回到 Photoshop 界面，对人物进行提亮。首先，为副本图层增加一层蒙版，选择"渐变工具"，"前景色"选择"黑色"，选择"径向渐变"，"不透明度"设置为 30% 左右，对人物进行提亮，如图 11-7 所示。

图 11-7

　　对于人物面部依旧比较暗的地方，我们需要利用"快速选择工具"将人物的面部选中，如图 11-8 所示。

　　在右侧的"调整"面板中，单击"创建新的曲线调整图层"按钮，调整曲线对选区进行提亮，如图 11-9 所示。

图 11-8

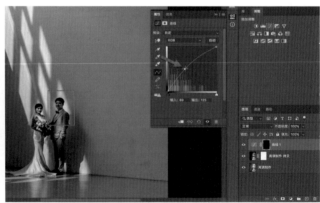

图 11-9

　　单击"蒙版"按钮，对"羽化"值进行调整，如图 11-10 所示。

图 11-10

11.3　通过调整曲线打造暖色光线

接着，在蒙版"属性"面板中，单击"颜色范围"按钮，进入到"色彩范围"对话框。利用"吸管工具"，吸取照片中光线的区域，调整"颜色容差"值至 60 左右，单击"确定"按钮，如图 11-11 所示。

回到曲线"属性"面板，选择"蓝"通道，降低曲线，如图 11-12 所示。

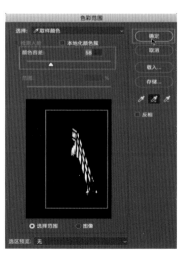

图 11-11

图 11-12

选择"红"通道，提升曲线，如图 11-13 所示。

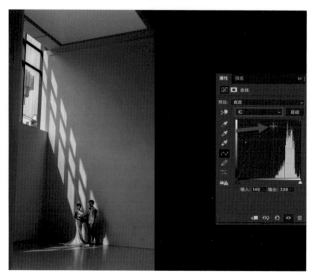

图 11-13

　　单击"蒙版"按钮，设置"羽化"值，如图 11-14 所示。冷暖对比效果就打造完成了。最后，用鼠标右键单击图层空白处，在弹出的菜单中选择"拼合图像"，将照片进行保存。

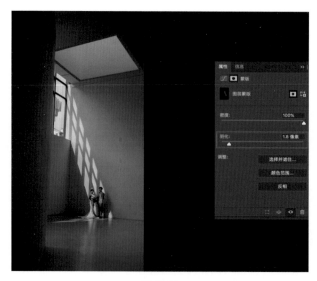

图 11-14

第 12 章　打造五彩斑斓的色彩效果

本章我们将学习如何打造五彩斑斓的色彩效果。后期制造五彩斑斓的色彩效果的目的，在于通过鲜艳、多样化的色彩呈现，使图像更加生动、引人注目。不同的色彩搭配可以传递不同的情感和氛围，通过调整色彩的明亮度、饱和度和对比度等参数，我们可以营造或温暖、活泼，或神秘、梦幻的效果，创造独特的氛围和情感。通过在图像中应用特定的色彩效果，可以突出主题或某些特定的元素。色彩的运用还可以提升图像的艺术表现力，使其更加富有创意和个性化。

12.1　实战案例一

首先，我们来看第一张梯田风景作品。由于未能捕捉到五彩斑斓的霞光在梯田上的倒影，因此，整张照片呈现出较为灰暗的效果。虽然构图和节奏感相对较好。但由于缺乏色彩的感染力，导致这张图片显得平淡无奇。为了解决这个问题，我们准备了一张可用于合成晚霞天空的照片。通过后期制作，我们可以重新呈现映照在梯田上的五彩斑斓的色彩。调整前后的对比如图 12-1 和图 12-2 所示。

图 12-1

图 12-2

准备一张晚霞的素材照片，如图 12-3 所示。

图 12-3

将两张照片导入 Camera Raw 滤镜中，如图 12-4 所示。

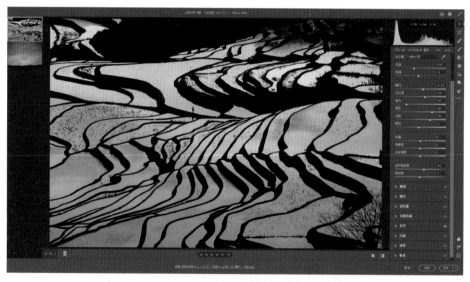

图 12-4

首先，让我们来审视这幅梯田风景作品。我们可以先将其恢复为默认值，判断一下构图和取景是否令人满意。单击右侧工具栏中的"更多图像设置"，选择"复位为默认值"，如图 12-5 所示。

图 12-5

　　画面整体的节奏感和韵律感表现得很好，唯一不太理想的地方是顶部有一块较大的黑色区域，它占据的画面比例过多，影响了整体的美感。因此，我们需要修复掉它。然后对于梯田的反光部分，我们可以将其调亮一些，以增加对比度，使其达到理想的效果。

　　我们可以先进行自动调整，单击"自动"按钮，增加"对比度"和"白色"值，使梯田的水平部分更亮一些。此外，增加"去除薄雾"值，以控制整个画面的透明度如图 12-6 所示。

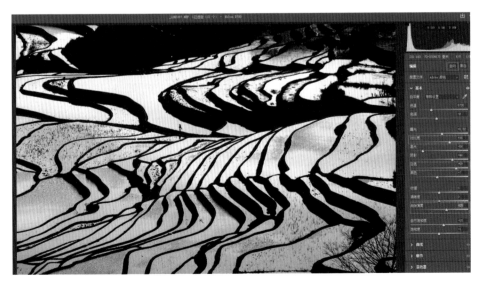

图 12-6

　　单击右下角的"打开"按钮，将照片导入 Photoshop 中，如图 12-7 所示。

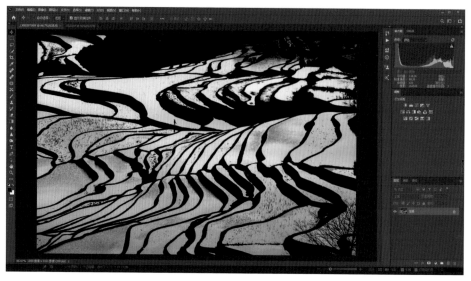

图 12-7

单击"选择"菜单，选择"全部"，将整张照片选中。然后单击"编辑"菜单，选择"自由变换"，或者利用快捷键"Ctrl+T"激活该功能，如图 12-8所示。

图 12-8

单击"在自由变换和变形模式之间切换"按钮，如图 12-9 所示。此时我们会发现照片中控制变形的点由 9 个变成了 12 个，拖动上方的两个控制点，将照片中黑色的梯田区域消除。调整之后利用快捷键"Ctrl+D"取消选区，调整后的效果如图 12-10 所示。

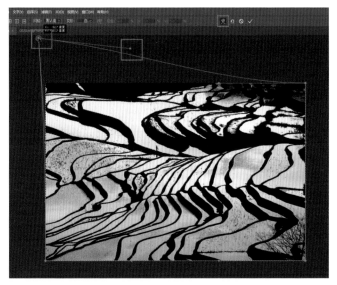

图 12-9

图 12-10

将晚霞的照片导入背景图层中，调整其大小，直至覆盖整个背景图层。然后将图层的混合模式改为"正片叠底","不透明度"降低到70%左右，如图12-11所示。

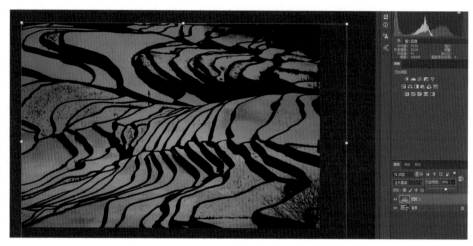

图 12-11

最后，单击"创建新的曲线调整图层"按钮，对曲线进行调整，如图12-12所示。

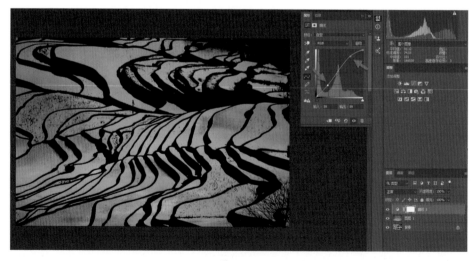

图 12-12

调整完毕之后，用鼠标右键单击图层的空白处，从弹出菜单中选择"拼合图像"，将照片保存即可。

12.2　实战案例二

接下来这张照片是在一处位于摩洛哥的皮革厂拍摄的，我们可以看到这里的每个池子都用来洗皮革。调整这张图像，只需对每个水池的颜色进行变换，让它们呈现出五彩斑斓的效果。调整前后的对比如图 12-13 和图 12-14 所示。

图 12-13

图 12-14

照片基础调整

首先，将照片导入 Camera Raw 滤镜中，如图 12-15 所示。

图 12-15

127

单击右侧工具栏中的"更多图像设置"按钮，选择"复位为默认值"，如图12-16所示。

单击"自动"按钮，进一步增加"对比度"值，减少"高光"值。增加"阴影""白色""纹理""清晰度"和"去除薄雾"值，如图12-17所示。

图 12-16

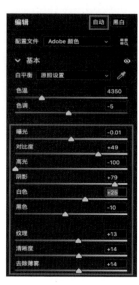

图 12-17

增加"自然饱和度"和"饱和度"的值，如图12-18所示。

图 12-18

调整完毕之后，将照片导入 Photoshop 中，如图 12-19 所示。

图 12-19

利用"快速选择工具"将照片中的一个染缸中的染料选中，如图 12-20 所示。在进行选中染料操作时，我们也可以利用"套索工具"进行选择。

图 12-20

利用"照片滤镜"添加色彩

单击"创建新的照片滤镜"按钮。在照片滤镜"属性"面板中，滤镜可以选择任意颜色，比如青色，并调整"浓度"值，如图 12-21 所示。

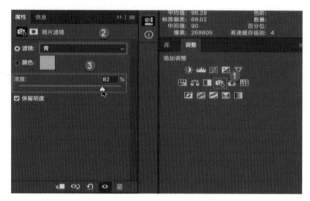

图 12-21

单击"蒙版"按钮，设置"羽化"值，如图 12-22 所示。

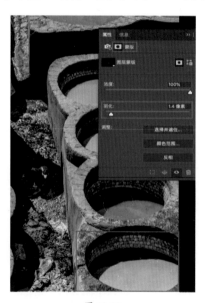

图 12-22

同样的，利用选择工具选中其他的染缸。在操作时要注意，在对一个染缸调整完之后，应单击选中背景图层，然后再进行针对下一个染缸的调整。在使用快速选择工具时，选择的选区可能不够准确，我们可以利用"从选区减去"工具，将多余的选区进行去除，如图 12-23 所示。同理，我们可以利用"从选区减去"工具左侧的"添加到选区"工具增加选区。

图 12-23

单击"创建新的照片滤镜"按钮，在照片滤镜"属性"面板中，滤镜可以任意选择，调整"浓度"值，如图 12-24 所示。

图 12-24

重复上述步骤，对照片中的染缸进行一一调整。调整完毕之后将图层合并，这样我们就可以得到一张具有五彩斑斓色彩效果的照片了。

第13章　运用色彩打造神秘氛围

本章我们将学习运用色彩来营造神秘氛围。如图 13-1 所示的这张拍摄动物的照片，采用了大量前景来构图，导致主体并不太突出，画面也显得有些松散。而当我们运用图 13-2 所示的月亮素材，进行后期调整之后的效果如图 13-3 所示。

图 13-1

图 13-2

图 13-3

首先，我们将素材照片导入 Camera Raw 滤镜中，选择"裁剪工具"，长宽比选择"1×1"，对照片进行二次构图以此突出照片主体，如图 13-4 所示。双击鼠标应用裁剪。

132

图 13-4

13.1 根据创意需求打造冷色调

接下来，对照片的色调和影调进行调整。单击"自动"按钮，进一步将"色温"滑块往蓝色方向调整，减少"阴影"值，让照片中暗的地方变得更暗。然后，增加"白色"和"对比度"值，让照片中亮的地方更亮。减少"曝光"值，如图 13-5 所示。

图 13-5

133

调整完毕之后，将照片导入 Photoshop 中。单击"创建新的曲线调整图层"按钮，单击"蒙版"按钮，单击"颜色范围"按钮，如图 13-6 所示。

图 13-6

进入到"色彩范围"对话框中，利用"吸管工具"吸取天空的颜色，增加"颜色容差"值，如图 13-7 所示，单击"确定"按钮。

图 13-7

回到曲线调整图层，选择"红"通道，降低曲线，如图 13-8 所示。

选择"绿"通道，降低曲线，如图 13-9 所示。

图 13-8　　　　　　　　　　　　　　图 13-9

调整完毕之后，进入到蒙版"属性"面板，增加"羽化"值，如图 13-10 所示，使照片颜色过渡更加自然。

图 13-10

再创建一个曲线调整图层，降低"高光"部分，压暗"中间调"部分，如图 13-11 所示。

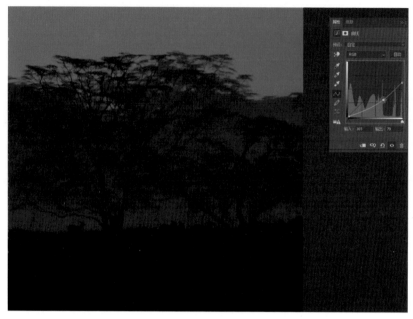

图 13-11

　　选择"渐变工具"，"前景色"选择"黑色"，选择"对称渐变"，调整"不透明度"，对鹿所在的区域进行提亮。提亮过后，创建一个曲线调整图层，稍微提亮高光部分，压暗阴影部分，如图 13-12 所示。

图 13-12

选择"矩形选框工具",框选刚刚被提亮的部分,如图 13-13 所示。

图 13-13

创建一个曲线调整图层,对亮部进行提亮处理,对暗部进行压暗处理,如图 13-14 所示。

图 13-14

单击"蒙版"按钮，对"羽化"值进行调整，如图 13-15 所示。

图 13-15

单击"创建新的照片滤镜调整图层"按钮，在照片滤镜"属性"面板中，将滤镜选为"Cyan"，如图 13-16 所示。

图 13-16

回到曲线调整图层，在"蒙版"面板中，单击"颜色范围"按钮，进入到"色彩范围"的对话框中。选择"取样颜色"，利用"吸管工具"吸取天空的颜色，调整"颜色容差"值，单击"确定"按钮，如图13-17所示。

图 13-17

再次回到曲线"属性"面板，降低高光部分，压暗中间调部分，如图13-18所示。

图 13-18

单击"蒙版"按钮，调整"羽化"值，如图13-19所示。

图 13-19

选择"画笔工具"，"前景色"选择"黑色"，调整画笔的大小，对鹿所在的位置进行提亮，如图13-20所示。

图 13-20

也可以选择"渐变工具","前景色"选择"黑色",选择"径向渐变",调整"不透明度",对鹿所在区域进行提亮,如图 13-21 所示。

图 13-21

13.2 利用"表面模糊"增加照片氛围

调整完毕之后,拼合图像。选中"背景"图层,并将其拖动到"创建新图层"按钮上,创建一个图层副本。单击"滤镜"菜单,选择"模糊"—"表面模糊"。在弹出的"表面模糊"的对话框中调整"半径"和"阈值",如图 13-22 所示,单击"确定"按钮。

然后,创建一个新的曲线调整图层,压低曲线。选择"渐变工具","前景色"选择"黑色",选择"径向渐变",调整"不透明度",如图 13-23 所示,将鹿的区域进行提亮。

图 13-22

图 13-23

13.3　照片合成处理

调整完毕之后，拼合图像。接下来，将月亮的素材导入到背景图片中。调整月亮的位置和大小，并将月亮图层的混合模式改为"滤色"，如图 13-24 所示。

图 13-24

单击"滤镜"菜单，选择"模糊"—"高斯模糊"。在弹出的对话框中，将"半径"值调整为 0.5 像素即可，如图 13-25 所示，单击"确定"按钮。

图 13-25

放大照片，观察月亮，我们会发现月亮周围有明显的痕迹，如图 13-26 所示，我们要将这些痕迹去除。

创建一个新的曲线调整图层，单击"属性"面板下方的第一个按钮，如图 13-27 所示。然后，压低曲线，观察月亮周围的变化，直至痕迹消失。

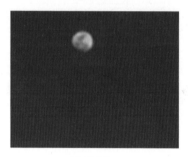

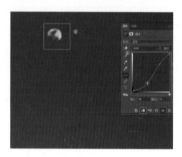

图 13-26   图 13-27

最后，选择"渐变工具"，"前景色"选择"黑色"，选择"径向渐变"，调整"不透明度"，对月亮周围进行调整。通过刷亮月亮周围的区域，来模拟月光，如图 13-28 所示，最后，拼合图像，对照片进行保存即可。

图 13-28

第 14 章　替换背景色

本章我们将学习如何替换照片的背景色。以图 14-1 为例，这张照片的主体与底色融为一体，无法凸显主体。因此，我们需要为它替换冷色的底色，以突出主体。调整之后的效果如图 14-2 所示。

图 14-1　　　　　　　　　　　　　　　　　　　　　图 14-2

14.1　照片基础调整

首先，将照片导入 Camera Raw 滤镜中。将"色温"滑块往黄色方向调整，增加"对比度"值，减小"高光"值，增加"阴影"和"白色"值，减少"饱和度"值，如图 14-3 所示。调整完毕之后，将照片导入 Photoshop 中。

图 14-3

14.2 借助空白图层渲染色彩

单击"创建新图层"按钮，创建一个空白图层，将空白图层的混合模式改为"颜色"，如图 14-4 所示。

图 14-4

单击"前景色"，进入到"拾色器"对话框，选择冷色调，如图 14-5 所示，选择好之后单击"确定"按钮即可。

图 14-5

选择"画笔工具"，调整画笔大小，调整画笔的"不透明度"，对照片的背景进行涂抹，如图 14-6 所示，注意在涂抹的时候不要影响到人物主体。

图 14-6

　　如果在涂抹过程中对人物主体产生了影响，我们可以为"图层 1"图层添加一层蒙版。选择"画笔工具"，"前景色"选择"黑色"，调整画笔的大小，如图 14-7 所示，涂抹受影响的区域。

图 14-7

单击"滤镜"菜单，选择"模糊"—"高斯模糊"，如图 14-8 所示。

图 14-8

　　调整"半径"的大小，大约 20 像素即可，如图 14-9 所示。调整完毕之后，单击"确定"按钮。完成图像拼合后，保存图片即可。通过添加冷色底色，让主体更好地凸显于图像中，使图像更具艺术感。

图 14-9

4

第四篇

风格创意

　　风格创意是摄影与后期制作中的关键要素之一。通过超越传统思维、打破传统构图方式、引入画意效果和极简艺术风格等方法的运用，我们可以创造出令人惊叹的作品。本篇将引领你进入风格创意的世界，探索独特的表达方式，并提供一些相关灵感和技巧，助你在摄影与后期制作中实现风格创意的卓越效果。

第 15 章　超越传统思维，释放创意无限

本章将为大家介绍如何超越传统思维，释放无限创意。所谓超越传统思维，就是指通过后期处理将一张看似不可能成为作品的照片转化为具有创意的摄影作品。调整前后的对比如图 15-1 和图 15-2 所示。那么我们该如何做到呢？

图 15-1

图 15-2

首先，将照片导入 Camera Raw 滤镜中，如图 15-3 所示。

图 15-3

15.1　调整影调和色调

接下来，对照片的影调和色调进行调整，使其呈现出黑白照片的效果。单击"自动"按钮，进一步增加"对比度"的值，减少"黑色"和"阴影"的值，如图 15-4 所示。在 Camera Raw 滤镜中，"自动"选项是一个快速调整图像的功能。当你打开一张照片并应用 Camera Raw 滤镜时，你可以选择单击右上角的"自动"按钮，系统会自动分析图像的亮度、对比度、色彩平衡、噪点等因素，并尝试对图像进行整体优化。使用"自动"选项可以帮助你快速地对图像进行初步的调整，特别是当你不确定如何手动调整各项参数时。

图 15-4

单击"黑白"按钮。在 Camera Raw 滤镜中，黑白按钮的作用是将彩色图像转变为只包含黑、白和灰色阶的黑白（灰度）图像。

然后，增加"对比度"和"去除薄雾"的值，此时我们已经将照片完全变成了黑白色调，如图 15-5 所示。调整完毕之后，单击右下角的"打开对象"按钮，将照片导入 Photoshop 中，如图 15-6 所示。

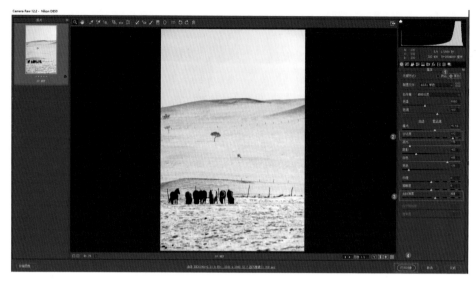

图 15-5

图 15-6

  整张照片构图较为松散，主体并不明确。马这个元素在图像中的主体作用并不明确。因此这张照片需要经过"重构式"的后期处理才能成为一幅具有创意的作品。接下来，我们首先需要突出前景中最左边的马。

15.2　移动并调整元素

在 Photoshop 中选择"套索工具"，将马匹部分选中，如图 15-7 所示。

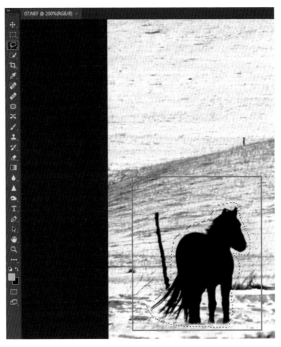

图 15-7

利用快捷键"Ctrl+J"将选中的部分进行复制，创建一个图层，如图 15-8 所示。

接着，我们要将选中的马移动到照片的中间位置。单击并按住鼠标左键，在图像上拖动至合适的位置，如图 15-9 所示。

观察照片，照片中间有一棵树，单击背景图层，将背景图层选中，选择"套索工具"，将树选取出来，如图 15-10 所示。

同样的，利用快捷键"Ctrl+J"将树的选区复制为新图层，如图 15-11 所示。

然后使用"移动工具"，将树放置在图像的右上方，作为远景树木，如图 15-12 所示。通过以上操作，我们可以为画面增加空间感和意境。

图 15-8

图 15-9

图 15-10

完成树木的添加后，我们可以调整其大小和形状，使之更加协调。在"调整"面板中，单击"创建新的曲线调整图层"按钮，新建一个曲线调整图层，在"属性"面板中，单击底部工具栏中的第一个"剪切到此图层"按钮，如图 15-13 所示。

在 Photoshop 中，使用"剪切到此图层"的调整可以将当前的选区或者图像剪切并粘贴到一个新的图层上。这个操作的主要作用是将选区或者图像从原始图层中分离出来，并创建一个独立的图层，方便对其进行单独的编辑和处理。

图 15-11

图 15-12

这样，我们可以针对树木图层进行亮度调整，而不影响其他图层。

对曲线进行调整，将树木的背景色尽可能地调整为白色，如图 15-14 所示。

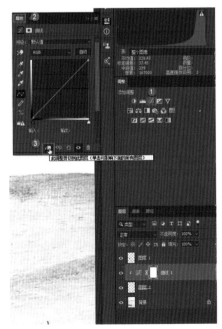

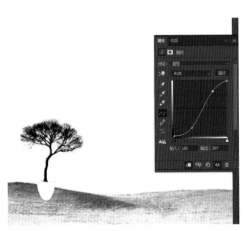

图 15-13

图 15-14

将树木图层的混合模式改为"正片叠底",如图 15-15 所示。再次回到曲线图层,对曲线进行进一步的调整,直到树木与背景融合为止,如图 15-16 所示。

图 15-15

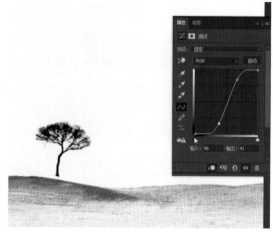

图 15-16

在完成树木调整后,再次选择"移动工具",将树木移动到更合适的位置,并调整树木的大小,如图 15-17 所示。

单击"背景"图层,将背景图层进行选中,如图 15-18 所示。

图 15-17

图 15-18

15.3　修复瑕疵，优化细节

接下来，我们将原位置的树去除。Photoshop 中的"污点修复画笔工具"是一种用于修复图像中的污点、瑕疵或无用的元素的强大工具。它使用了智能算法来自动匹配和修复周围的纹理，使修复过程更加简单和快速。首先，在左侧的工具栏中选择"污点修复画笔工具"，在图像上单击并拖动，如图 15-19 所示，将"污点修复画笔工具"应用到需要修复的区域，如果修复效果不理想，你可以使用快捷键"Ctrl+Z"来撤回操作，然后尝试重新修复。同样的，用该工具将远处的几棵树木一并进行去除，修复后的效果如图 15-20 所示。

图 15-19

如果放大图片仔细观察，我们会发现马的周围还是有痕迹的，如图 15-21 所示。此时，我们还需要对其进行进一步调整。

图 15-20

图 15-21

图 15-22

选中马的图层，单击"添加蒙版"按钮，添加一个蒙版图层，如图 15-22 所示。

选择"画笔工具"，将"不透明度"调整为 100%，如图 15-23 所示。然后单击打开画笔选项，如图 15-24 所示，在此面板中来调整画笔的"大小"和"硬度"。

单击并拖动鼠标，将马周围的痕迹进行去除，对于马腿之间较小的痕迹，我们可以将画笔调小，再进行擦除操作，如图 15-25 所示。

图 15-23

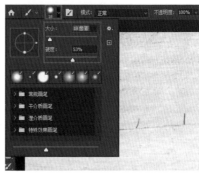

图 15-24

完成调整后，我们可以看到痕迹基本上被去除了。用鼠标右键单击图层空白处，在弹出的菜单中选择"拼合图像"，如图 15-26 所示。

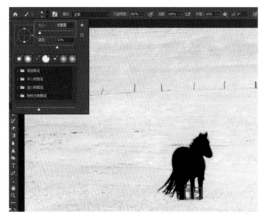

图 15-25

图 15-26

最后，选择"裁剪工具"，选择"1∶1（方形）"，如图 15-27 所示。拖动选框到合适位置，并调整选框大小，将图像裁剪成 1∶1 的方形构图，使其看起来更加协调美观，如图 15-28 所示。双击鼠标，或者单击键盘中的"Enter"键应用裁剪。

图 15-27

图 15-28

这样，一幅具有创意的"化腐朽为神奇"的图片就诞生了，打造这一效果的过程也可以给我们带来非常多的乐趣和惊喜。

第 16 章　马肖像作品的制作

本章我们将学习如何利用后期处理来打造一幅具有创意的马肖像作品。调整前后的对比如图 16-1 和图 16-2 所示。我们可以看到，原本单调的画面经过后期的调整，变得更加富有创意。

图 16-1

图 16-2

首先，将照片导入 Camera Raw 滤镜中，如图 16-3 所示。

图 16-3

16.1　打造黑白效果

对这张马肖像作品的影调和色调进行调整，单击"自动"按钮，如图 16-4 所示。

图 16-4

由于画面很亮，所以我们需要进一步减少画面的"曝光"值。增强"对比度""去除薄雾""清晰度"和"纹理"等参数值，减少"阴影"值，如图 16-5 所示，以提高画面的质感和清晰度。

图 16-5

单击"黑白"按钮，效果如图 16-6 所示。

图 16-6

接着，选择"画笔工具"，单击"重置局部校正通道"按钮，如图 16-7 所示。单击此按钮后，各滑块参数如图 16-8 所示。

图 16-7

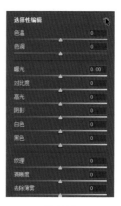

图 16-8

调整画笔参数，将"阴影"和"黑色"值降到最低，并用画笔对背景效果进行压暗处理，如图 16-9 所示。

图 16-9

如果不小心影响到了马肖像主体，我们可以在画笔调整面板中选择"橡皮擦"，对不需要压暗的地方进行擦除，如图 16-10 所示。

图 16-10

继续使用"画笔工具"，缩小画笔，减少"阴影"和"黑色"的值，对马头部附近进行仔细的压暗处理，如图 16-11 所示。

图 16-11

接下来，选择"裁切工具"，将画面调整为 1 : 1 的方形，如图 16-12 所示。双击鼠标或者单击"Enter"键，应用变换，裁剪后的效果如图 16-13 所示。

图 16-12

图 16-13

调整完毕后，单击右下角的"打开对象"按钮，将照片导入 Photoshop 中，如图 16-14 所示。

图 16-14

将准备好的两张素材也导入 Photoshop 中，如图 16-15 和图 16-16 所示。

图 16-15

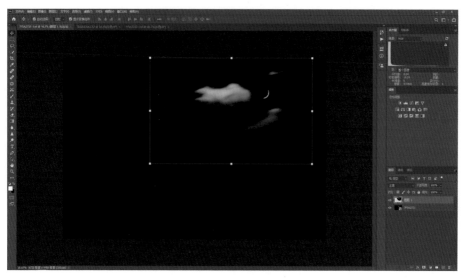

图 16-16

首先，选择"多边形套索工具"，如图 16-17 所示。在图像上单击鼠标，开始创建多边形的第一个顶点。继续在图像上单击鼠标，每次单击都会创建多边形的一个新顶点。每个顶点都会连接到前一个顶点，形成一条线段。创建完最后一个顶点后，如果要将多边形闭合，请将鼠标悬停在起始点附近，然后单击鼠标左键。如果要保持多边形打开，请按"Enter"键。完成后，我们大致选中了白色背景布，如图 16-18 所示。

图 16-17

图 16-18

单击"创建新的曲线调整图层"按钮，新建一个曲线调整图层，单击"图像"菜单，选择"模式"—"RGB 颜色"，如图 16-19 所示。在弹出的提示对话框中，选择"不拼合"图像，如图 16-20 所示。

图 16-19

接下来，进行曲线调整，提亮图像，如图 16-21 所示。

图 16-20

图 16-21

单击"蒙版"按钮，增加"羽化"值，如图 16-22 所示。

图 16-22

16.2　构图填充

接下来，我们对照片进行构图填充。将背景色选择为黑色，选择预设长宽比或者裁剪尺寸为"1∶1（方形）"，单击鼠标并拖动选框向上拉伸，松开鼠标，如图 16-23 所示。

图 16-23

继续向上拉伸，直到马的眼睛与黄金分割线对齐，如图 16-24 所示，单击"确定"按钮，应用变换。

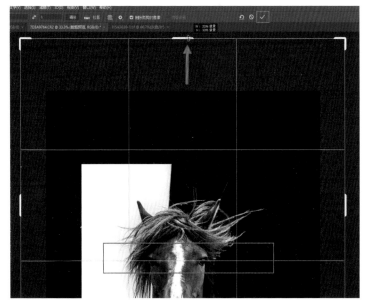

图 16-24

按快捷键"Ctrl+R"，可开启图像编辑界面上方和左侧的水平和垂直标尺显示功能。这些标尺可以帮助你准确地测量和对齐图像中的元素、选择区域和图层等。单击垂直标尺并拖动至马头中间的位置，如图 16-25 所示。

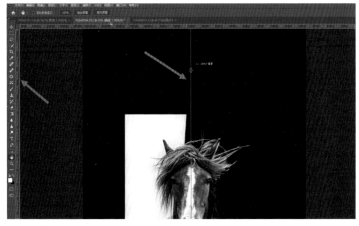

图 16-25

选择"多边形套索工具"，将照片左侧需要调整成为白色的地方进行选中，如图 16-26 所示。

图 16-26

单击"前景色"，利用"吸管工具"对照片中的白色进行取样，单击"确定"按钮，如图 16-27 所示。

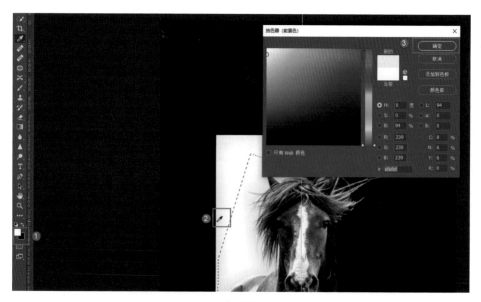

图 16-27

用鼠标右键单击图层空白处，选择"拼合图像"，如图 16-28 所示。

单击"编辑"菜单，选择"填充"，如图 16-29 所示。

图 16-28

图 16-29

在弹出的"填充"对话框中，保持默认选择"前景色"，单击"确定"按钮即可，如图 16-30 所示。

填充白色前景色之后，效果如图 16-31 所示。

图 16-30

图 16-31

单击鼠标右键，选择"取消选择"，或者利用快捷键"Ctrl+D"取消选区，如图 16-32 所示。

调整后的效果如图 16-33 所示，观察图片，我们会发现马的部分与白色部分边缘过渡并不自然，接下来我们还需要对边缘进行调整。

图 16-32

图 16-33

选择"画笔工具"，调整"画笔工具"的大小，将"不透明度"调整为 50% 左右即可，如图 16-34 所示。单击鼠标左键并拖动，对边缘处进行修饰。修饰之后的效果如图 16-35 所示。

图 16-34

接下来，使用"移动工具"，将素材移至背景图层上。首先，选择"移动工具"，单击鼠标选中素材并拖动到马肖像图层之上，如图16-36所示。

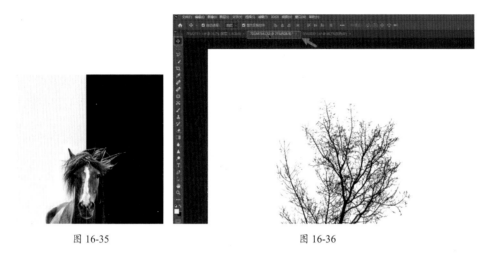

图 16-35　　　　　　　　　　　　　　　　图 16-36

直到出现素材照片时，松开鼠标，完成导入，如图16-37所示。

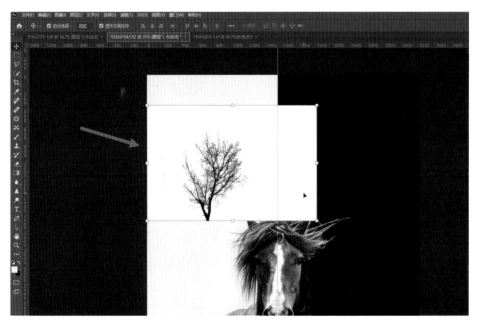

图 16-37

将混合模式改为"正片叠底"，如图 16-38 所示。

图 16-38

单击鼠标右键，选择"垂直翻转"，如图 16-39 所示。

图 16-39

此时，会得到一棵倒着的树。调整树的大小，并移动到合适的位置，如图 16-40 所示。

图 16-40

同样的方式，将第二张素材照片拖移至马肖像的图层上，调整位置和大小，如图 16-41 所示。

图 16-41

最后，用鼠标右键单击图层空白处，在弹出的菜单中选择拼合图像。按下快捷键"Ctrl+R"，隐藏标尺参考线。至此，我们通过后期处理打造出了一幅非常有创意的马肖像作品，让原本单调的作品更具想象空间。

第 17 章　打造视觉盛宴

　　本节课我们将讲解如何突破常规，打造巅峰之作。在摄影创作中，我们时常追求突破传统，打造出令人惊艳的视觉作品。那么，如何才能真正实现这一目标呢？

　　首先，我们需要破除常规思维，不要拘泥于传统的构图方式。要敢于尝试新的角度、新的视野，以不同的方式展现拍摄对象。从而引领观众的眼球，创造独特、有冲击力的画面。其次，要注重环境和主体的呼应和搭配。选择合适的光线、背景和配色方案，使整体场景与拍摄对象相得益彰，呈现出丰富的层次感和气氛。最后，利用构图技巧的变化，突出主题，加强画面的表达力和张力。

　　观察图 17-1，这张照片的整体是没有太大问题的，但为什么缺乏丰富的层次感呢？首先，是构图时主体的位置，其次，是环境本身所致。图中的山体相对矮小，造成气势感、层次感不足。即使照片中马的姿态和光影都很好，但整张照片看起来仍非常普通，缺乏冲击力和层次感。

　　那么，我们如何突破常规，将它打造成一张大片呢？接下来让我们学习一下这张作品的后期制作方法。调整前后的对比如图 17-1 和图 17-2 所示。

图 17-1

图 17-2

将照片导入 Camera Raw 滤镜，如图 17-3 所示。

图 17-3

单击"自动"按钮，增加"阴影""对比度""黑色"值，如图 17-4 所示。

图 17-4

对于这张照片，我们不建议大家过度修饰它的效果彩色，因为类似的作品不计其数。我们首先要突破传统的思维，考虑尝试运用其他风格和处理方式来打造突破常规的巅峰之作。我们不妨尝试将彩色照片转换为黑白照片，这样可以增强画面的纹理和对比度。而且黑白照片能够给人一种简洁、沉静的感觉，也更能凸显出拍摄对象的细节与构图。

单击"黑白"按钮，增加"清晰度""纹理""对比度"值，如图 17-5 所示。

图 17-5

找到"细节"面板，将"减少杂色"值调整为 40 左右，增加"对比度"和
"细节"值，如图 17-6 所示。

将照片导入 Photoshop 中，如图 17-7 所示

图 17-6　　　　　　　　　　　　　　　　图 17-7

17.1　修补工具的使用

接下来，我们对照片中比较亮的地方进行修饰。选择左侧工具栏中的"修
补工具"，按下鼠标左键并拖动，将需要调整的区域选中，如图 17-8 所示。在
Photoshop 中，"修补工具"是一种污点修复工具，它用于修复图像中的污点、瑕疵

等小面积的问题。"修补工
具"在修复过程中会根据周
围的纹理和颜色进行智能匹
配，使修复结果看起来自然
无痕。

用鼠标拖动选区移至有
着相似纹理的区域上，如图
17-9 所示，"修补工具"会
自动根据样本区域的纹理和
颜色进行匹配，松开鼠标，
修复完成，如图 17-10 所示。

图 17-8

图 17-9

图 17-10

可重复上述步骤，多次使用"修补工具"来修复图像中的不同区域。修复后的效果如图 17-11 所示。

接下来照片进行二次构图。我们选择"裁剪工具"，裁剪比例选择"1∶1（方形）"，单击上方的控制点并向上拖动裁剪框，调整裁剪框的位置和大小，调整完毕之后，单击确定按钮，应用变换，如图 17-12 所示。

图 17-11

图 17-12

选择"移动工具"，勾选"显示变换控件"，按住"Shift"键，同时单击上方的控制点并向上拖动，如图 17-13 所示，调整到合适的位置，如图 17-14 所示。

图 17-13　　　　　　　　　　　　　　图 17-14

利用"矩形选框工具"，将山体及其上方部分选中，如图 17-15 所示。

按住"Shift"键，鼠标选中上方的控制点，向上拖动，如图 17-16 所示。调整完毕之后，单击"✓"图标，调整之后的效果如图 17-17 所示。

图 17-15　　　　　　图 17-16　　　　　　图 17-17

17.2　利用"表面模糊"增加氛围感

将背景图层拖动到右下角的"创建新图层"按钮，创建背景图层副本，如图 17-18 所示。

单击"滤镜"菜单，选择"模糊"—"表面模糊"，如图17-19所示。将"半径"值设置为30像素左右，单击"确定"按钮，如图17-20所示。

图17-18   图17-19

选中"背景 拷贝"图层，单击右下角的"添加蒙版"按钮，为"背景 拷贝"图层添加一层蒙版，如图17-21所示。

图17-20   图17-21

选择"渐变工具"，"前景色"选择黑色，渐变方式选择"对称渐变"，"不透明度"调整为30%左右，对主体部分进行擦拭。双击蒙版图层，在弹出"属性"面板中，设置"羽化"值，如图17-22所示。

图 17-22

17.3　添加杂色

单击"滤镜"菜单，选择"杂色"—"添加杂色"，如图 17-23 所示。

在"添加杂色"对话框中，将数量调整为 1%，勾选"高斯分布"，勾选"单色"，单击"确定"按钮，如图 17-24 所示。

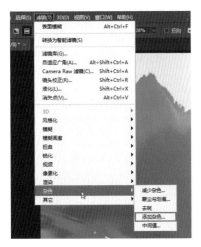

图 17-23

图 17-24

新建一个空白图层，单击"前景色"，进入"拾色器"对话框，利用"吸管工具"选取雾气部分，单击"确定"按钮，如图 17-25 所示。

图 17-25

选择"渐变工具"，选择"径向渐变"，"不透明度"调整为 30% 左右，增加画面的雾气，如图17-26 所示。

图 17-26

　　调整后，部分人物和马匹受到了薄雾的影响，需要我们进一步处理。新建一层蒙版，选择"渐变工具"，"前景色"选择黑色，选择"径向渐变"，"不透明度"为 30% 左右，对部分受到影响的人物和马匹进行擦拭，如图 17-27 所示。

图 17-27

　　选中新建图层，同样进行添加杂色的处理，如图 17-28 所示。

图 17-28

利用"矩形选框工具"将主体选中，如图 17-29 所示。

在右侧的"调整"面板中，单击"创建新的曲线调整图层"按钮，创建一个曲线调整图层，分别对曲线不同部分进行压暗及提亮操作。如图 17-30 所示。

图 17-29

图 17-30

单击"蒙版"按钮，设置"羽化"值，如图 17-31 所示。

图 17-31

利用"矩形选框工具"，选中照片下方的大地，如图 17-32 所示。

同样的，建立曲线调整图层，提亮曲线，如图 17-33 所示。

图 17-32

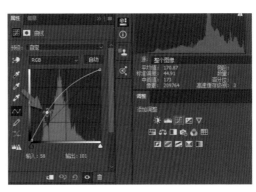

图 17-33

单击"蒙版"按钮，设置"羽化"值，如图 17-34 所示。至此，对于这张照片的调整宣告结束。最后，用鼠标右键单击图层空白处，在弹出的菜单中"拼合图像"，保存照片即可。

图 17-34

第 18 章　打造画意效果

图 18-1

本章我们将学习如何使用混合模式打造画意效果。在开始讲解之前，我们先来分析一下素材照片。如图 18-1 所示，这是一张线条非常明朗的古建筑照片。但如果我们不对其做一些改变的话，那这将是一张非常单调的，如同随手拍下的照片一样。相反，当我们通过后期处理，为其增添一些画意元素，整张照片会变得非常有意境。调整后的效果如图 18-2 所示。

图 18-2

准备一张素材照片，如图 18-3 所示。为了便于整合素材，我们需要根据主体图片的情况来选择适合的素材。

图 18-3

将照片导入 Camera Raw 滤镜中，如图 18-4 所示。

图 18-4

首先，依次单击"自动"按钮和"黑白"按钮。然后，增加"白色"值，来把天空和墙面提亮。接着，增加"对比度"和"曝光"值。减少"阴影"值，从而让照片中的深色线条变得更加突出，如图18-5所示。

最后，找到"黑白混色器"面板，增加"蓝色"值，如图18-6所示。

图 18-5   图 18-6

18.1　调整画笔工具的使用

调整画笔工具是一种功能强大的图像编辑工具，它可以让我们对选定区域进行局部调整。接下来我们将使用调整画笔工具，处理照片中的细节。

在右侧的工具栏中找到"调整画笔"工具并选中，在面板中调整画笔的"大小"值。单击"重置布局矫正通道"按钮，将"阴影"和"黑色"的值减少，涂抹屋檐的区域，使线条更加明显，如图18-7所示。

单击"创建新调整"按钮，创建新的"调整画笔"工具。重置局部矫正，增加"曝光"和"阴影"值，将照片中瓦片的区域进行提亮，如图18-8所示。

图 18-7

图 18-8

再次创建一个新的调整，重置局部矫正，增加"高光"和"白色"值，对照片中的墙面进行调整，使其更加明亮，如图 18-9 所示。

191

图 18-9

　　重新回到"基本"面板，增加"纹理"值，减少"清晰度"值，增加"去除薄雾"值，如图 18-10 所示。

图 18-10

　　单击右下角的"打开对象"按钮，将照片导入 Photoshop 中，如图 18-11 所示。

图 18-11

　　为了使素材照片与背景照片完美融合，接下来我们需要对背景照片进行二次构图。选择"裁剪工具"，裁剪比例选择"1：1（方形）"，单击鼠标选中最上方的控制点并往上拖动，直到裁剪框的两边与背景图片重合，如图 18-12 所示。松开鼠标，单击"✓"图标应用变换。

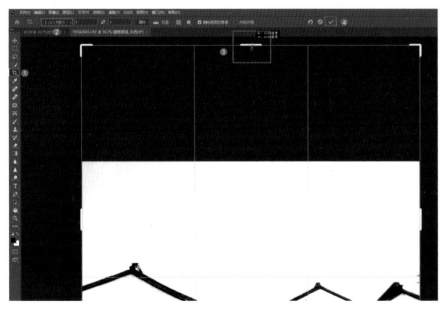

图 18-12

此时，我们会发现边界处有明显的痕迹，如图 18-13 所示，因此我们需要将照片的下半部分进行提亮。

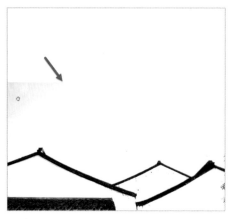

图 18-13

选择"画笔工具"，"前景色"选择白色，调整画笔的"大小"和"硬度"，单击需要调整的部分，直至边界的痕迹消失，整体变为统一的白色了。如图 18-14 所示。

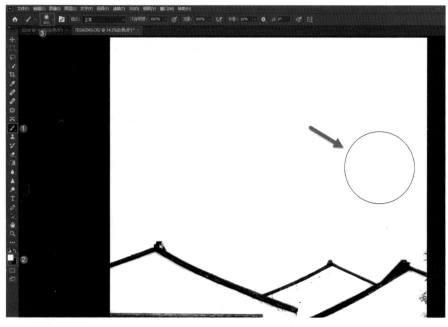

图 18-14

18.2 照片合成处理

将素材照片导入到背景图片中，调整大小和位置，将图层的混合模式改成"正片叠底"，如图 18-15 所示，画意油然而生。

图 18-15

继续调整素材照片的位置，使其稍微触碰到房屋，这样可以使画面显得更加的紧凑、自然，如图 18-16 所示。调整完毕之后，用鼠标右键单击图层空白处，在弹出的菜单中选择"拼合图像"，然后创建背景图层副本。

图 18-16

单击"滤镜"菜单，选择"模糊"-"表面模糊"，如图 18-17 所示。表面模糊是一种常用的滤镜效果，它可以模拟摄影中的景深效果，使特定区域或整个图像看起来更加柔和。

在弹出的表面模糊的对话框中，增加"半径"和"阈值"的值，如图 18-18 所示，单击"确定"按钮。

图 18-17

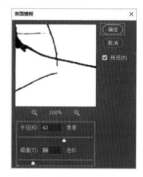

图 18-18

将"背景 拷贝"图层的"不透明度"改为 70% 左右，如图 18-19 所示。最后，拼合图像，将照片保存即可。

图 18-19

第 19 章　制作极简艺术风格

极简艺术通常使用简单的形状、颜色和构图方式，以及最少的细节和变化来营造视觉冲击。这种简约而鲜明的视觉效果可以引起观者的注意，并给人留下深刻的印象。极简艺术强调简洁、纯粹的视觉效果，通过去除冗余元素和细节，使主题更加突出，展现出独特的审美享受。极简艺术往往留白较多，给人以自由联想的空间，在简约的画面中寻找意义和解读，激发思考和创造力。

本章我们将学习如何创造极简的艺术效果。首先，我们对素材照片进行全面的分析。如图 19-1 所示，这是在南极拍摄的一张企鹅题材照片。我们可以看到整体画面非常简洁，冰山的形状和交叉线条清晰可见。然而，相对而言，由于构图比较松散，我们需要对图像进行二次裁剪。其次，如果我们只是保有图像的彩色效果，那么它仍然是一张相对平淡的照片。因此，对于这张照片，我们要反其道而行之，制造一个具有极简创意风格的效果。可见，学习后期照片处理不仅要学习技法，更重要的是培养思维。在处理每张照片之前，大家都要对照片进行解读，充分发散自己的思维，才能打造出更有创意和想法，且与众不同的效果。

调整前后的对比如图 19-1 和图 19-2 所示。

图 19-1

图 19-2

准备一张月亮的照片，如图 19-3 所示。

将照片导入 Camera Raw 滤镜中，单击"自动"按钮，进一步增加"对比度""清晰度"和"去除薄雾"值，如图 19-4 所示。

图 19-3

图 19-4

单击"黑白"按钮，打造黑白效果，如图 19-5 所示。

选择"裁剪工具"，裁剪比例选择"1：1（方形）"，对照片进行二次构图。调整裁剪框的大小和位置，单击"Enter"键或者双击鼠标应用变换，裁剪之后的效果如图 19-6 所示。

图 19-5

图 19-6

回到"基本"面板，减少"阴影"值，减少"高光""黑色"值，如图 19-7 所示。

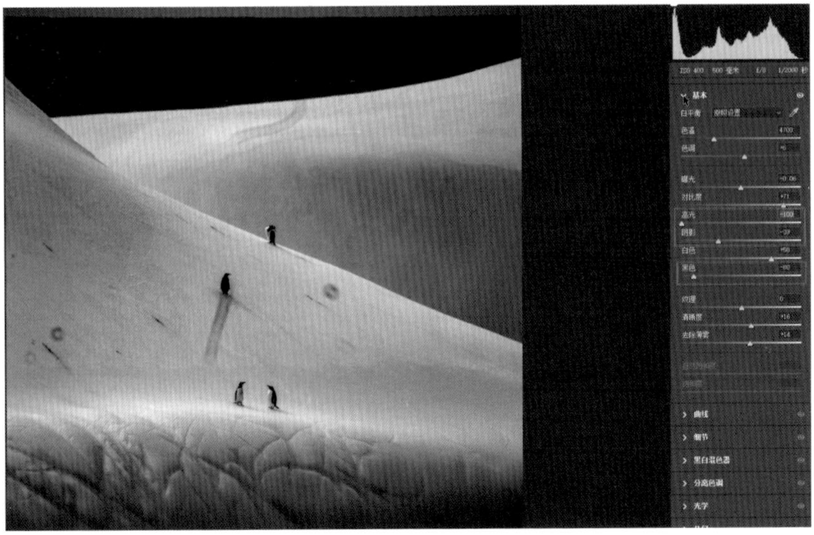

图 19-7

找到"光学"面板，单击"配置文件"按钮，勾选"使用配置文件校正"，单击"建立"右边的下拉框，选择"Canon"，将"扭曲度"值降低，增加"晕影"值，如图 19-8 所示。

图 19-8

利用"快速选择工具",选择海水和天空的部分,如图 19-9 所示。

图 19-9

单击"创建新的曲线调整图层"按钮,创建一个曲线调整图层,将曲线的最高点拉到最低,如图 19-10 所示。此时,海水和天空的部分完全变成黑色。

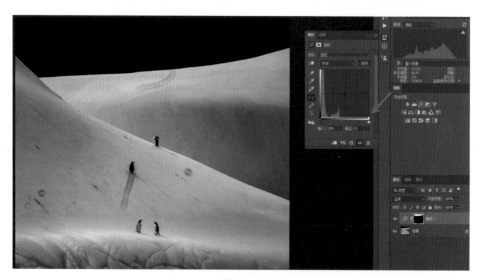

图 19-10

选择"污点修复画笔工具"，对如图 19-11 所示的污点进行去除，去除后的效果如图 19-12 所示。

图 19-11

图 19-12

同样的，利用"快速选择工具"将雪山部分进行选中，如图 19-13 所示。

图 19-13

建立新的曲线调整图层，对曲线进行压暗处理，如图 19-14 所示。

图 19-14

　　将月亮的素材照片导入到背景图层中，将混合模式改为"滤色"，并调整月亮的位置和大小，如图 19-15 所示。此时，极简的艺术风格已经打造完毕。用鼠标右键单击图层空白处，在弹出的菜单中选择"拼合图像"，将照片保存即可。

图 19-15

第 20 章　打造空灵的艺术大片

为了打造空灵的艺术大片，我们需要掌握两个关键知识点。首先是色彩再现，其次是改变构图。在修复一张照片之前，我们要对其进行全面分析，并运用创新的思维方法来创作具有空灵感的艺术作品。针对图 20-1 所示的这张照片，我们可以看到画面非常简洁，并可见些许红色树叶。或许由于季节原因，在拍摄时红色并不突出。幸运的是，这张照片的构图相对宽松，因而为我们预留了足够的后期创意空间。

我们已经司空见惯地见过类似的简洁构图。但在这种简洁中，我们有很大的创造空间。针对这张照片，我们的第一个创意点是打造红色的树叶，第二个创意点是将天空调整为黑白，接着进行二次构图扩展，并将具有层次感的山脉融入其中。通过这些步骤，我们可以将一张普通的照片转化为空灵幽静、富有艺术感的作品。调整前后的对比如图 20-1 和图 20-2 所示。

图 20-1　　　　　　　　　　　　　　　　　　　图 20-2

准备好两张素材照片，如图 20-3 和图 20-4 所示。

图 20-3

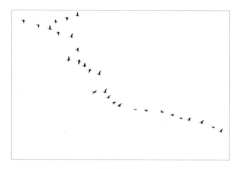

图 20-4

首先，将三张照片导入 Camera Raw 滤镜中，如图 20-5 所示。

图 20-5

单击"自动"按钮，进一步增加"对比度"和"阴影"的值，如图 20-6 所示。

调整照片的"色温"和"色调"，将"色温"滑块往黄色方向调整，"色调"滑块往红色方向调整，如图 20-7 所示。

图 20-6   图 20-7

找到"混色器"面板，将红色的"饱和度"值调整至最高，如图 20-8 所示。

单击"明亮度"选项卡，将"红色""紫色"和"洋红"的明亮度值提高，如图 20-9 所示。

图 20-8   图 20-9

然后，我们对天空进行调整。我们需要将天空的颜色调整至白色的状态。由于原图天空是蓝色的，所以我们在"混色器"的面板中，找到"饱和度"，将"蓝色"的饱和度值调整到最低，将"紫色"的饱和度值减少，如图 20-10 所示。

回到"基本"面板，增加"对比度"和"黑色"值，如图 20-11 所示。

图 20-10

图 20-11

接下来，对山水素材照片进行调整。单击"黑白"按钮，再单击"自动"按钮，减少"去除薄雾"的值，增加"对比度"和"阴影"值，直到画面中的山峦分为隐约可见的三个层次，如图 20-12 所示。

调整完毕之后，将照片导入 Photoshop 中，如图 20-13 所示。

图 20-12

图 20-13

选择"裁剪工具"，裁剪比例选择"1∶1（方形）"，左键单击上方的控制点，向上拉伸图片，如图 20-14 所示。

由于照片的下方比较杂乱，所以我们还要将照片向下拉伸，直到杂乱的物体消失为止，如图 20-15 所示。

选中"图层 0"图层，将其拖动到"创建新图层"按钮上，复制该图层，如图 20-16 所示。

图 20-14

图 20-15

图 20-16

20.1 利用"表面模糊"打造柔和氛围

单击"滤镜"菜单，选择"模糊"—"表面模糊"，在弹出的"表面模糊"对话框中，设置"半径"和"阈值"的值，如图 20-17 所示。表面模糊通过调整图像的焦点和模糊程度，使得图像中的某些部分变得模糊不清，从而产生一种特定的效果和视觉感受。在某些情况下，适当的表面模糊可以为图像增添一种柔和、浪漫或梦幻的氛围。

接下来，我们需要对屋檐进行调整，降低屋檐的亮度。选择"多边形套索工具"，单击"添加到选区"按钮，将屋檐进行选中，如图 20-18 所示。

图 20-17　　　　　　　　　　　　　　　图 20-18

单击"创建新的曲线调整图层"按钮，创建曲线图层，对曲线进行压暗处理，如图 20-19 所示。单击"蒙版"按钮，设置"羽化"值，如图 20-20 所示

图 20-19　　　　　　　　　　　　　　　图 20-20

将山的素材照片移动到背景图层中，将图层的混合模式改为"正片叠底"，如图 20-21 所示。

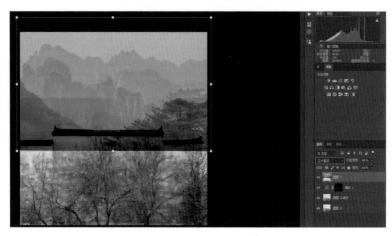

图 20-21

20.2 处理照片交界处的痕迹

由于两张照片在融合的时候，交界处会留有痕迹，接下来我们要对其进行处理。我们先将山的图层复制一个新图层，选择"渐变工具"，"前景色"选择"黑色"，选择"线性渐变"，"不透明度"为20%。然后，由交界处的下方往上方拖出渐变，如图 20-22 所示。重复上述步骤，直到没有痕迹为止，效果如图 20-23 所示。

图 20-22

对于背景图给山峦素材图带来的边界痕迹我们该如何去除呢？同样的，选择"渐变工具"，"前景色"设置为白色，选择"线性渐变"，"不透明度"设置为20%左右，在边界处由上往下拖出渐变，如图 20-24 所示。

图 20-23

图 20-24

重复上述操作，直到边界痕迹消失。注意在拉伸的过程中不要碰到建筑物，防止产生不必要的影响。调整后的效果如图 20-25 所示。

然后，对山进行提亮。创建一个曲线调整图层，单击下方工具栏中第一个按钮，调整剪切到此图层。这样做的好处是，通过将剪切限制在特定的图层上，可以更加准确地调整和编辑剪切区域。从而避免对其他图层或背景的意外修改，保持图像的整体完整性。接着，对曲线进行提亮，调整之后的效果图很唯美，如图 20-26 所示。

图 20-25

图 20-26

接下来，将鸟群的素材导入到背景图层中，调整位置和大小，将混合模式改为"正片叠底"，如图 20-27 所示。

图 20-27

由于鸟群很清晰，不符合景深原理。景深原理体现为：在摄影或绘画中，焦点范围内的物体会保持清晰，而焦点范围之外的物体则会变得模糊不清。因此，我们需要对其进行相应调整。单击"滤镜"菜单，选择"模糊"—"高斯模糊"，将

"半径"设置为 0.5 像素左右即可,如图 20-28 所示,单击"确定"按钮。

接下来,我们要对主体背景进行提亮,选择"套索工具",将主体中比较暗的部分选中,如图 20-29 所示。

图 20-28   图 20-29

创建曲线调整图层,进行提亮操作,如图 20-30 所示。然后单击"蒙版"按钮,设置"羽化"值,如图 20-31 所示。调整完毕之后,用鼠标右键单击图层空白处,在弹出的菜单中选择"拼合图像"。

图 20-30   图 20-31

复制创立"背景拷贝"新图层，单击"创建新的颜色查找调整图层"按钮，进入"属性"面板，在"3DLUT 文件"后面的下拉框中选择"Moonlight.3DL"，如图 20-32 所示。完成效果如图 20-33 所示。

图 20-32

图 20-33

接着我们将对照片中红色的树叶进行还原。选择"渐变工具"，选择"前景色"为黑色，选择"径向渐变"，"不透明度"仍然是 20%，对主体进行调整，如图 20-34 所示。

图 20-34

双击蒙版图层，单击"蒙版"按钮，对"羽化"值进行调整，如图 20-35 所示。

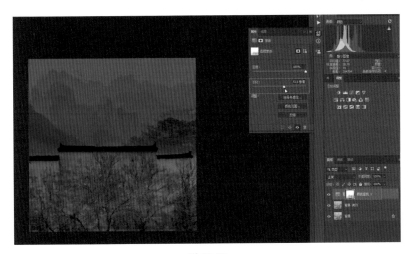

图 20-35

为了让主体的色彩和通透度更强，我们还需进一步调整。选择"矩形选框工具"，选取照片下方的主体部分，如图 20-36 所示。

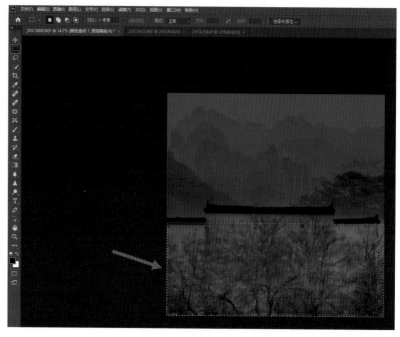

图 20-36

　　创建曲线调整图层，调整曲线，如图 20-37 所示。单击"蒙版"按钮，将"羽化"值调整的大一些，如图 20-38 所示。然后将图层的"不透明度"值减少一些，以免图片亮度太亮。

图 20-37

图 20-38

　　单击"创建新的色相 / 饱和度调整图层"按钮，创建一个色相 / 饱和度的调整图层，将"全图"的"饱和度"值调整为 10 左右，如图 20-39 所示。然后选择"洋红"，将"饱和度"提高，如图 20-40 所示。

图 20-39   图 20-40

选择"渐变工具"，"前景色"选择黑色，选择"径向渐变"，"不透明度"为 20%，对照片中间部分进行调整，打造局部光，如图 20-41 所示。

图 20-41

最后，进行曲线调整，将高光的部分提亮，阴影的部分压暗，如图 20-42 所示，然后将图层的"不透明度"改为 80% 左右。用鼠标右键单击图层空白处，在弹出的菜单中选择"拼合图像"，将图片保存即可。

图 20-42

5

第五篇

气象创意

　　气象创意是以大自然的气象变幻为灵感，来为作品赋予独特的魅力。在雨景中，我们可以借助雨滴的细腻与深情营造气氛；在画面中添雾加彩，我们能够创造出神秘而梦幻的氛围；而调整雨夜的冷暖色调，则能营造出温暖与凛冽相映成趣的独特意境。

　　本篇将带你进入气象创意的世界，探索如何利用气象元素打造独特而引人入胜的作品。无论是利用雨滴在镜头中的模糊效果，还是借用雾气调节景深，抑或是通过冷暖对比表达特定的情绪，每个环节都将展现出不同的创作可能性。

第 21 章　打造雨景效果

　　本章节我们将讲解如何打造具有神秘气氛的雨景效果。这里采用的素材是一张拍摄于雨天的照片，其中存在几个问题。首先，这张照片上的行人几乎都打着伞，但是却看不到雨丝。其次，虽然画面线条不错，人们手中各色的伞和身着的彩色雨衣形成了一条五彩缤纷的彩带，但由于环境过亮，造成整体气氛不足。这便是我们通过后期处理要解决的问题所在。调整前后的对比如图 21-1 和图 21-2 所示。

图 21-1　　　　　　　　　　　　　　　　　　　　图 21-2

　　首先，将照片导入 Camera Raw 滤镜中，如图 21-3 所示。

图 21-3

首先，单击"自动"按钮，进一步降低"高光"和"白色"值，增加"对比度""阴影"和"去除薄雾"值，让画面变得更加有立体感。然后降低"曝光"值，压暗整个画面，如图 21-4 所示。

图 21-4

对照片的"色温"进行调整，将"色温"滑块往蓝色方向移动，为画面加入一些冷色调，如图 21-5 所示。

图 21-5

21.1 智能对象的应用

单击"Shift"键，将右下角的"打开"按
钮变为"打开对象"，如图 21-6 所示，或者打
开下拉框，点选"打开对象"按钮，将照片导
入 Photoshop 中，如图 21-7 所示。

图 21-6

图 21-7

在 Photoshop 中，"打开"和"打开对象"是两种不同的导入图像文件方式。
使用"打开"选项时，所选的图像文件将以常规图层的形式打开。这意味着该图
像将作为一个独立的图层存在于你的工作区，并且可以直接进行编辑。你可以对
其进行像素级的修改、裁剪、涂鸦等操作。在保存时，会覆盖原始文件或生成一
个新的文件。

使用"打开对象"选项时，所选的图像文件将以智能对象的形式打开。智能
对象是一种特殊的图层类型，它保留了原始图像的完整性，使你可以在不损失图
像质量的情况下进行非破坏性编辑。当你对智能对象应用变换、滤镜等效果时，
这些操作将作为调整层应用到智能对象上，而不是直接修改原始图像。你可以随

时编辑和更新智能对象，而不会丢失原始图像的信息。

通过"打开对象"方式导入图像，你可以享受到更多灵活性和可逆性。这对于非破坏性编辑、还原和重复使用图像都非常有用。

用鼠标右键单击图层空白处，选择"通过拷贝新建智能对象"，如图 21-8 所示。此时，图层如图 21-9 所示。

图 21-8

图 21-9

21.2 提亮主体

接下来，我们要对照片中人物主体部分进行提亮。双击原图层，回到 Camera Raw 滤镜中，提高"曝光"值，如图 21-10 所示，然后单击右下角的"确定"按钮，回到 Photoshop 界面中。

图 21-10

在复制的图层上，添加一个图层蒙版。单击鼠标选中副本图层，单击右下角的"添加蒙版"按钮，为图层添加一层蒙版，如图 21-11 所示。

图 21-11

选择"渐变工具"，"前景色"选择黑色，选择"径向渐变"，"不透明度"设置在 30% 左右，如图 21-12 所示。然后，对人物主体进行修饰。按住鼠标左键并拖动，渐变效果将会在拖动方向上出现。通过多次渐变操作，让细节恢复到极致，使人物主体部分的色彩更加突出。

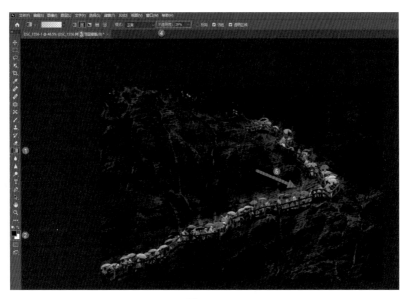

图 21-12

　　双击蒙版图层，在"属性"面板中，单击"蒙版"按钮，如图 21-13 所示，增加"羽化"值。

图 21-13

选择"快速选择工具"，如图 21-14 所示。单击并拖动"快速选择工具"在目标区域上进行绘制，根据绘制的轨迹，"快速选择工具"会自动识别并选择相似颜色和纹理的区域，从而将拐角处的雨伞选中，如图 21-15 所示。

图 21-14

图 21-15

单击右侧曲线"属性"面板中的"创建新的曲线调整图层"，通道选择"红"，对曲线进行提亮，如图 21-16 所示。

再将通道选择为"绿"，压低曲线，如图 21-17 所示。

调整之后的效果如图 21-18 所示。

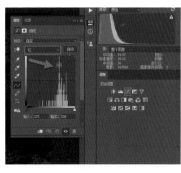

图 21-16

图 21-17

图 21-18

接下来，我们需要对主体周围环境的色彩饱和度进行降低，选择"套索工具"，选中除主体之外的区域，如图 21-19 所示。

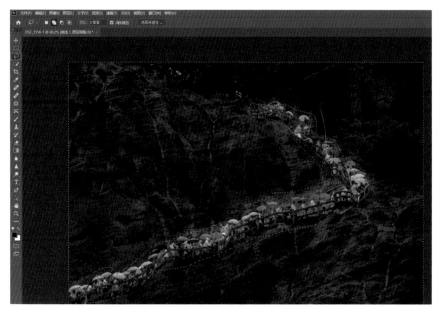

图 21-19

在"调整"面板中，单击"创建新的色相 / 饱和度调整图层"按钮，选择"绿色"，降低绿色的"饱和度"值，如图 21-20 所示。

接着，选择"黄色"，降低黄色的"饱和度"值，如图 21-21 所示。

图 21-20

图 21-21

单击"蒙版"按钮，增加"羽化"值，如图 21-22 所示。

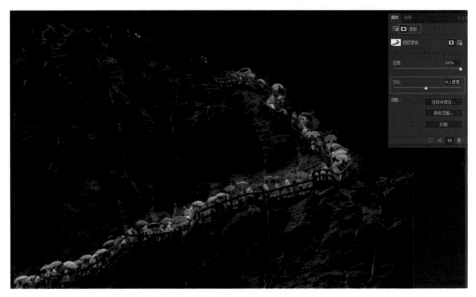

图 21-22

21.3 打造雨丝效果

首先，我们需要新建一个黑色的图层。单击右下角的"创建新图层"按钮，新建一个空白图层，如图 21-23 所示。

单击"编辑"菜单，选择"填充"，如图 21-24 所示。

图 21-23

图 21-24

弹出的"填充"对话框，如图 21-25 所示。由于此时的"前景色"已经选择为黑色，所以直接单击"确定"按钮即可。我们便会得到一个黑色的图层，如图 21-26 所示。

图 21-25

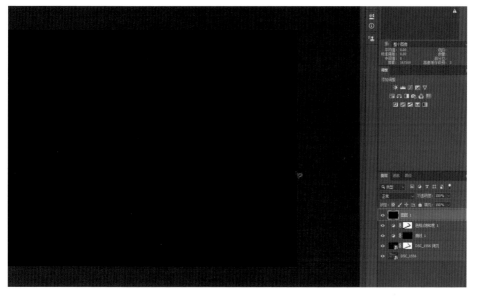

图 21-26

完成以上操作后，我们需要为画面添加雨丝的效果。单击"滤镜"菜单，选择"杂色"—"添加杂色"，如图 21-27 所示。

在弹出的"添加杂色"对话框中，将数量调整至 30% 左右，勾选"高斯分布"，勾选"单色"，如图 21-28 所示。单击"确定"按钮，得到的效果如图 21-29 所示。

图 21-27

图 21-28

图 21-29

　　单击"图像"菜单，选择"调整"—"色阶"，如图 21-30 所示。在 Photoshop 中，色阶作为一个功能强大的工具，可用于精确调整图像的色彩、亮度和对比度。它可以帮助校正图像中的色彩问题，增强细节和对比度，从而实现我们想要的视觉效果。

在弹出的"色阶"对话框中进行相应调整，调整完毕之后，单击"确定"按钮，如图 21-31 所示。效果图如图 21-32 所示，可见相较于之前未进行色阶调整时的状态，图中的杂色颗粒变得更大了。

图 21-30

图 21-31

图 21-32

那么，怎样创造出雨丝的效果的呢？我们来介绍一个新的工具——动感模糊。在 Photoshop 中，动感模糊作为一种滤镜效果，可以通过模拟物体的快速运动，使静止的图像呈现出物体运动时的模糊感。这一功能可以增加图像的动感和真实感，让观看者感受到物体的速度和方向。这对于运动摄影、体育照片或需要强调速度和动态的场景非常有用。

动感模糊还可以用于创造多种艺术效果。例如，当你想要创造抽象、流动或梦幻的视觉效果时，可以应用动感模糊，为图像添加独特的艺术风格。在这里，我们便可以通过动感模糊功能，打造我们想要的雨丝效果。

单击"滤镜"菜单，选择"模糊"—"动感模糊"，如图 21-33 所示。在"动感模糊"对话框中，适当地调整"角度"和"距离"值，如图 21-34 所示，使其呈现雨丝的效果。

图 21-33

图 21-34

将"图层 1"的混合模式改为"滤色"，如图 21-35 所示。调整之后的效果如图 21-36 所示。

如果觉得雨丝的效果不是很明显，我们可以进一步调整。单击鼠标选中"图层 1"图层，将其拖动到"创建新图层"按钮上松开鼠标，复制该图层，如图 21-37 所示，将"不透明度"值降低为 70% 左右，使雨丝的效果更加逼真。

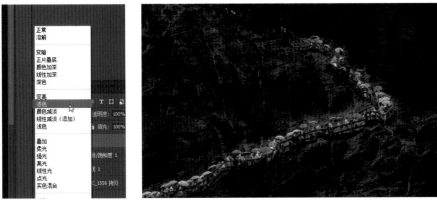

图 21-35   图 21-36

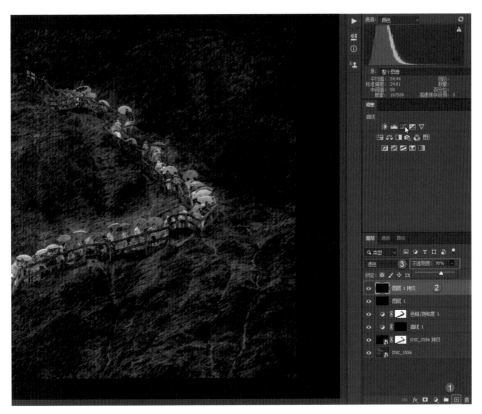

图 21-37

233

单击"创建新的曲线调整图层",对曲线进行调整,将暗的地方适度压暗,将亮的地方适度提亮,如图 21-38 所示。本次曲线调整的目的是调整照片的影调,增加画面的氛围感。

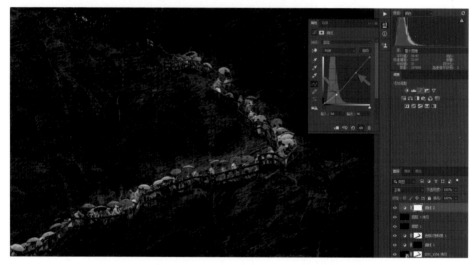

图 21-38

为了进一步的凸显雨丝,我们需要借助"锐化"功能。单击"滤镜"菜单,选择"锐化"—"USM 锐化",如图 21-39 所示。在"USM 锐化"对话框中,对"数量"和"半径"值进行调整,如图 21-40 所示,单击"确定"按钮。USM 锐化能够增强图像的清晰度和细节,并使其看起来更加锐利。调整完毕之后,将图层的"不透明度"值也适当地降低至 45% 左右即可。

图 21-39

图 21-40

　　最后，在"调整"面板中，单击"创建新的照片滤镜调整图层"，"滤镜"选择"Cyan"，调整"密度"值至40%左右，如图21-41所示。用鼠标右键单击图层空白处，在弹出的菜单中选择"拼合图像"，照片调整完毕。

图 21-41

第 22 章　添雾加彩，清新脱俗

本节课我们将讲解如何通过添雾加彩使图像更加清新脱俗。图 22-1 这张照片是在一个云雾缭绕的环境下拍摄的，照片整体不乏意境和灵气。然而，整个图像的主题却没有展现出色彩的丰富性和画面的层次感，整体显得比较灰暗。此外，云雾部分的很多断层，房屋主体的未居中情况，都破坏了整体布局和效果。基于以上分析，我们需要对这张图片进行改造，使其焕发全新的魅力，让我们一起来见证这个过程。

图 22-1

调整前后的对比如图 22-1 和图 22-2 所示。

图 22-2

首先，将照片导入 Camera Raw 滤镜中，如图 22-3 所示。接下来，我们将对照片整体的色调和影调进行调整。

图 22-3

单击"自动"按钮，进一步减少"高光"值，增加"对比度""阴影"和"去除薄雾"值，如图 22-4 所示。

图 22-4

选择"裁切工具"，用鼠标右键单击照片，在弹出的菜单中选择"长宽比"，选择"1：1"，如图 22-5 所示。

图 22-5

对画面进行裁剪，调整裁剪框的位置和大小，双击照片应用变换。裁剪后的效果如图 22-6 所示。裁剪之后，整个画面显得非常紧凑，层次感也非常丰富。

图 22-6

找到"混色器"面板，单击"饱和度"选项卡，对"黄色""绿色"和"浅绿色"的值进行调整，从而增加黄色和绿色的饱和度，如图 22-7 所示。

图 22-7

单击"明亮度"选项卡，增加"黄色"和"绿色"的明亮度值，如图22-8所示。

图 22-8

调整完毕之后，点击右下角"打开"按钮，将照片导入 Photoshop，如图 22-9 所示。

图 22-9

单击"创建新图层"按钮，新建一个空白图层。单击"前景色"，打开"拾色器"对话框，用"吸管工具"对云彩进行取样，如图 22-10 所示，单击"确定"按钮。

图 22-10

选择"渐变工具"，选择"径向渐变"，"不透明度"设为 30% 左右，对云彩部分进行调整。借助渐变操作，补充雾气，如图 22-11 所示。可以重复上述操作，用"吸管工具"选取云彩颜色较亮的区域，选择"渐变工具"，调整"不透明度"，再次对云彩进行调整。

图 22-11

调整之后的效果如图 22-12 所示。

图 22-12

图 22-13

单击"滤镜"菜单，选择"杂色"——"添加杂色"，弹出"添加杂色"的对话框，如图 22-13 所示。设置数量为 1%，勾选"高斯分布"，勾选"单色"，单击"确定"按钮。

选择"套索工具"，将树木亮度较暗的区域选中，如图 22-14 所示。下面将该部分进行提亮。

图 22-14

单击"创建新的曲线调整图层"按钮，创建一个曲线图层，对曲线进行提亮，如图 22-15 所示。

图 22-15

单击"蒙版"按钮，设置"羽化"值，如图 22-16 所示。

图 22-16

用鼠标右键单击图层空白处，在弹出的菜单中选择"拼合图像"。复制一个背景图层，单击"滤镜"菜单，选择"模糊"—"表面模糊"，如图 22-17 所示。增加"半径"和"阈值"的值，单击"确定"按钮。

图 22-17

　　调整完毕之后，将图层的"不透明度"降低至 80% 左右。选择"渐变工具"，将"前景色"改为黑色，选择"线性渐变"，"不透明度"设置为 100%，由图片的上方向下方拖出渐变，如图 22-18 所示，进行两三次操作即可。

图 22-18

单击"滤镜"菜单，选择"滤镜库"，如图 22-19 所示。在 Photoshop 中，滤镜库是一系列预设的图像处理效果工具，用于对图像进行各种特效修改。

滤镜库中包含了多种不同类型的滤镜，如"扭曲""素描""纹理""艺术效果"等。每个滤镜都具有不同的效果和可调节选项，可以根据需求选择合适的滤镜进行使用。通过滤镜库，我们可以实时预览和比较不同滤镜的效果，以便选择最适合的效果。滤镜库还提供了一些调整选项，允许我们对滤镜的参数进行微调，以达到更理想的效果。

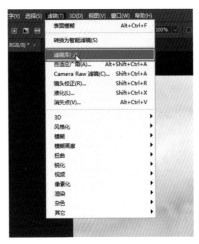

图 22-19

进入到"滤镜库"面板，选择"画笔描边"，选择"成角的线条"，在右侧的面板中对"方向平衡""描边长度"和"锐化程度"值进行调整，如图 22-20 所示，单击"确定"按钮。调整后的效果如图 22-21 所示。

图 22-20

图 22-21

选择"矩形选框工具",将云彩的区域选中,如图 22-22 所示。

图 22-22

在"调整"面板中，单击"创建新的照片滤镜调整图层"，滤镜选择"Cyan"，并调整"密度"值，如图 22-23 所示。

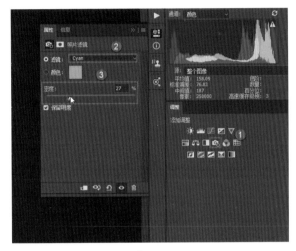

图 22-23

单击"蒙版"按钮，调整"羽化"值，如图 22-24 所示。

图 22-24

选择"套索工具",将照片中的建筑物选中,如图 22-25 所示。

图 22-25

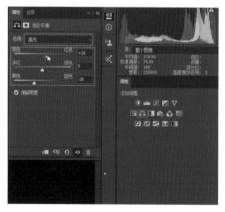

图 22-26

在"调整"面板中,单击"创建新的色彩平衡调整图层"按钮,创建一个色彩平衡调整图层。"色调"选择"高光",增加"红色"值,减少"蓝色"值,如图 22-26 所示。

将色调选择"中间调",增加"红色"值,减少"蓝色"值,如图 22-27所示。

图 22-27

单击"蒙版"按钮，对"羽化"值进行调整，如图 22-28 所示。

图 22-28

新建一个曲线调整图层，对高光和中间调部分进行压暗，如图 22-29 所示。

图 22-29

选择"渐变工具","前景色"选择黑色,选择"径向渐变","不透明度"设置在 50% 左右,稍微调整照片中较暗的部分,如图 22-30 所示。最后,用鼠标右键单击图层空白处,在弹出的菜单中选择"拼合图像",保存照片即可。

图 22-30

第 23 章　雨夜冷暖调的超级制作

观察图 23-1 所示的这张照片，是以古建筑为题材的作品。拍摄视角的选择非常出色，古建筑的形制特色也表现得很好。最重要的是，在靠近画面正中的位置上有一处天井，在其中还可以隐约看到有人在烤火。在本章中，我们将学习如何把这张照片打造成雨夜烤火这一冷暖色调对比的图片，调整之后富有意境的效果如图 23-2 所示。

图 23-1

图 23-2

将照片导入 Camera Raw 滤镜中，将色温向着黄色方向调整，来打造暖色调。增加"曝光""清晰度"和"去除薄雾"值，如图 23-3 所示。调整完毕之后，单击右下角的下拉框选择"打开对象"，单击"打开对象"按钮，将照片以对象的形式导入 Photoshop 中。

图 23-3

图 23-4

23.1　创建智能对象

　　用鼠标右键单击图层，选择"通过拷贝新建智能对象"，如图 23-4 所示。创建图层之后如图 23-5 所示，双击下方的图层，回到 Camera Raw 滤镜界面中。

图 23-5

"白平衡"选择"原照设置",如图 23-6 所示。

图 23-6

接下来,我们将照片调整为冷色调。将"色温"滑块向蓝色方向调整,"色调"滑块稍向绿色方向调整。减少"曝光"值,增加"对比度""阴影"和"黑色"值,如图 23-7 所示。

图 23-7

调整完毕之后,单击"确定"按钮,进入 Photoshop 界面。单击"冷暖对比"图层左侧按钮,将图层效果隐藏。选择"多边形套索工具",将天井区域选中如图 23-8 所示。

图 23-8

将"冷暖对比"图层效果显示,并单击"添加蒙版"按钮,为"冷暖对比"图层添加一个蒙版图层,如图 23-9 所示。

图 23-9

进入蒙版图层"属性"面板,单击"反相"按钮,调整"羽化"值,如图 23-10 所示。

图 23-10

　　将天井的区域放大，将选择区域时多选的无关部分进行去除，例如屋檐。选择"画笔工具"，"前景色"选择"白色"，调整画笔的"大小"和"不透明度"，如图 23-11 所示，对屋檐等区域进行涂抹。

图 23-11

调整完毕之后，按住"Ctrl"键，单击蒙版图层，将除天井外的区域选中，如图 23-12 所示。然后，单击"选择"菜单，选择"反选"，反选之后的效果图如图 23-13 所示，将天井的部分再次选中。

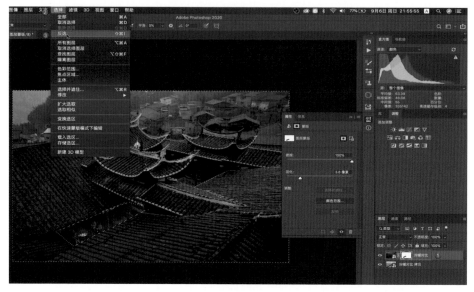

图 23-12

图 23-13

创建一个新的曲线调整图层，对该区域进行调整，提亮曲线，如图 23-14 所示。

图 23-14

单击"蒙版"按钮，对"羽化"值进行调整，如图 23-15 所示。

图 23-15

调整完毕之后，再创建一个曲线调整图层，将曲线压暗，对照片整体进行调整，如图 23-16 所示。

图 23-16

　　然后，选择"渐变工具"，"前景色"选择"黑色"，选择"径向渐变"，调整"不透明度"，对天井等画面中不需要压暗的地方进行提亮，如图 23-17 所示。

图 23-17

再次按住"Ctrl"键，单击蒙版图层，将天井的区域选中。然后单击"选择"菜单，选择"反选"，如图 23-18 所示。

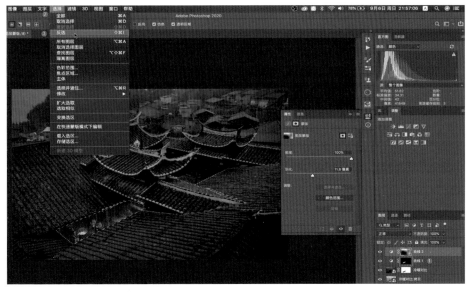

图 23-18

然后，我们将照片中的蓝色色调进行加强。在"调整"面板中，单击"创建新的照片滤镜调整图层"，滤镜选择"冷却滤镜（82）"，并适当的调整"密度"值，如图 23-19 所示。

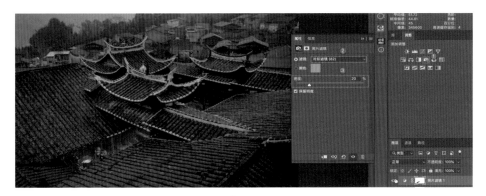

图 23-19

23.2　打造下雨效果

调整完毕之后，拼合图像。最后，我们制造下雨的效果。将雨水的素材照片导入背景图层中来，调整照片位置及其大小，如图 23-20 所示，并将雨水图层的混合模式改为"滤色"，照片最终呈现出非常唯美的雨夜烤火的冷暖色调对比效果。

图 23-20